高等学校应用型新工科创新人才培养计划系列教材

高等学校智能制造与工业信息化类专业课改系列教材

快速成型技术

青岛英谷教育科技股份有限公司　编著

西安电子科技大学出版社

内 容 简 介

本书主要介绍了快速成型技术的发展历史、关键技术、工作原理、主要应用领域和未来产业的发展等。全书分为理论篇与实践篇两大部分。理论篇第 1 章概括介绍了快速成型技术的背景、发展历程、技术特征和应用领域；第 2 章详细介绍了五种主流快速成型工艺的原理、特点及工艺过程；第 3 章介绍了三维模型的构建方法以及所需软件；第 4 章介绍了快速成型的数据处理流程、数据接口方式以及数据处理的具体过程；第 5 章介绍了主流快速成型工艺的精度影响因素与相应的处理方法。实践篇通过两个实际案例，详细讲解了两种快速成型设备的基本操作方法，以帮助读者迅速提高动手能力。

本书内容精练，语言通顺，概念性强，案例翔实，既可作为高校相关专业的教材，也可为从事快速成型工作的读者提供理论参考。

图书在版编目(CIP)数据

快速成型技术/青岛英谷教育科技股份有限公司编著. —西安：西安电子科技大学出版社，2018.2(2020.12 重印)
ISBN 978-7-5606-2889-9

Ⅰ. ①快… Ⅱ. ①青… Ⅲ. ①快速成型技术 Ⅳ. ①TB4

中国版本图书馆 CIP 数据核字(2018)第 015922 号

策　　划　毛红兵
责任编辑　刘炳桢　阎　彬
出版发行　西安电子科技大学出版社(西安市太白南路 2 号)
电　　话　(029)88242885　88201467　　邮　　编　710071
网　　址　www.xduph.com　　电子邮箱　xdupfxb001@163.com
经　　销　新华书店
印刷单位　陕西天意印务有限责任公司
版　　次　2018 年 2 月第 1 版　2020 年 12 月第 2 次印刷
开　　本　787 毫米×1092 毫米　1/16　印　张　11
字　　数　251 千字
印　　数　3001～5000 册
定　　价　30.00 元
ISBN 978-7-5606-2889-9/TB
XDUP 3181001-2
如有印装问题可调换

高等学校智能制造与工业信息化类专业“十三五”课改规划教材编委会

❖❖❖ 前　言 ❖❖❖

快速成型技术(即 3D 打印技术)是一项前沿性的制造技术，目前已成为全球新一轮科技革命和产业革命的重要推动力之一。随着智能制造技术的进一步推进，新的信息技术、控制技术、材料技术等不断被应用到制造领域，而快速成型技术能使大规模的个性化生产成为可能，这将给全球制造业带来重大变革。

目前，快速成型技术的领军国家是美国、德国和以色列。美国的 3D Systems 和 Stratasys 公司是全球快速成型行业的领导者，它们集设备、技术、研发、生产、制造和服务于一体，推动了快速成型在各行各业的应用和发展。中国的快速成型技术于 20 世纪 90 年代起步，技术研发的任务主要由清华大学、西安交通大学、华中科技大学等知名高校和部分专业机构承担。经过多年努力，我国快速成型技术已经取得了长足的进步。

与发达国家相比，我国的快速成型产业整体上尚处于起步阶段，若要进一步拓展其应用空间，仍面临多方面的困难和挑战，如机器造价昂贵、材料选择局限性大、成型的精度和效率尚不适合大规模生产等。除此之外，人才的严重短缺也日益成为制约我国快速成型产业的巨大瓶颈，主要体现在人才培养与实际需求脱节、教育中实践环节薄弱、高技能人才和领军人才紧缺等。

本书是面向高等院校智能制造与工业信息化专业方向的标准化教材，内容涵盖快速成型技术的发展历史、结构体系、关键技术、应用领域与行业展望等多方面内容。本书结合当前行业发展的需求，经过了充分的调研和论证，并参考了多所高校一线专家的意见，具有系统性、实用性等特点，旨在使读者在系统掌握快速成型技术专业知识的同时，获得学以致用的能力以及解决实际问题的能力。

本书以开启学生对快速成型技术的兴趣、了解快速成型技术及产业的发展概况、掌握快速成型及相关领域技术知识为目标，在原有体制教育的基础上对课程进行改革，重点加强对快速成型核心技术的讲解，使读者经过系统完整的学习后，能够熟练掌握相关理论，了解快速成型技术的发展历程、现状与最新动态，具备投身于快速成型技术应用与研发的专业素质，同时培养对当代前沿科技发展趋势的敏锐洞察力。

全书分为理论篇与实践篇两大部分。

理论篇第 1 章讲解了快速成型技术的产生背景、发展历史、技术原理、技术特征、技术应用领域、技术发展趋势与产业现状及前景，旨在让学生对快速成型技术及产业有一个整体性认识，为后面具体技术的学习打下基础；第 2 章讲解了主流的快速成型方法，包括各种成型方法的工作原理、使用材料、技术特点、工艺过程以及应用领域；第 3 章分类讲解了三维模型的构建方式以及所需的软件和设备；第 4 章详细讲述了快速成型中数据处理的流程、数据接口方式、数据处理软件以及具体的处理过程；第 5 章分别讲述了各种快速成型方法的精度影响因素以及应对办法。

实践篇详细介绍了快速成型的两个应用案例，通过对这两个案例的分析，使读者充分了解快速成型技术，并提高实践能力。

本书知识点分布合理，章节衔接流畅，由浅入深，理论结合实际，充分满足了各类读者的学习需求。本书在结构编排上也进行了精心设计：每章的开始设有学习目标，指导学生更有针对性地学习；每章的结尾则有知识小结和配套练习，帮助学生加深对相关内容的理解和掌握。

本书由青岛英谷教育科技股份有限公司编写，参与本书编写的人员有邹菲菲、孙锡亮、张玉星、金成学、孟洁、王燕等。编写期间得到了青岛农业大学、潍坊学院、曲阜师范大学、济宁学院、济宁医学院等各合作院校专家及一线教师的大力支持和协助。在本书出版之际，特别感谢给予我们开发团队大力支持和帮助的领导及同事，感谢各合作院校师生给予我们的支持和鼓励，更要感谢开发团队中每一位成员所付出的艰辛努力。同时，特别鸣谢三迪时空集团在本书编写过程中给予的大力支持。

由于编者水平所限，书中难免有不妥之处，读者在阅读过程中如有发现，可以通过邮箱(yinggu@121ugrow.com)联系我们，以期不断完善。

本书编委会
2017 年 10 月

❖❖❖ 目　　录 ❖❖❖

理　论　篇

实 践 篇

理论篇

第1章 快速成型技术概论

本章目标

- 了解快速成型技术的起源和发展历史
- 掌握快速成型的技术特点
- 了解快速成型技术的应用领域
- 了解快速成型技术的发展趋势

快速成型技术(Rapid Prototyping，RP)即通常所说的 3D 打印技术。该技术诞生于 20 世纪 80 年代，是基于材料堆积法的一种新型制造技术。快速成型技术突破了传统制造模式的局限，是近 20 年来制造业领域的一项重大技术成就。美国《时代》周刊已将快速成型列为“美国十大增长最快的工业”，英国《经济学人》杂志则认为它将“与其他数字化生产模式一起推动实现第三次工业革命”。

1.1 快速成型技术简介

快速成型技术以计算机三维设计模型为蓝本，借助分层软件和数控成型系统，利用激光束、电子束等方式将金属粉末、陶瓷粉末、塑料、细胞组织等特殊材料进行逐层的堆积和黏结，最终叠加出成型的实体产品。大到房屋汽车，小到杯盘碗碟，甚至动物和人像，都可以用快速成型技术轻松又逼真地制作出来，如图 1-1 所示。

图 1-1 快速成型技术制作的乔布斯像

作为产品开发制造的重要手段，快速成型技术是当今发展最为迅速的热点技术之一，新材料和新技术层出不穷。按照成型方法分类，目前业内常用的快速成型技术主要有立体光固化成型技术(Stereo Lithography Apparatus，SLA)、熔融沉积成型技术(Fused Deposition Modeling，FDM)、选择性激光烧结成型技术(Selective Laser Sintering，SLS)、三维印刷技术(Three-Dimensional Printing，3DP)与分层实体制造成型技术(Laminated Object Manufacturing，LOM)等，这些技术都已经成为先进制造业的重要组成部分，在现代工业体系中扮演着日益重要的角色。

1.1.1 技术背景

快速成型技术的产生，一方面源于制造业市场的迫切需求，另一方面得益于现代科学技术的飞速发展。

从行业需求角度看，首先，全球市场一体化的形成使得制造业的竞争日益激烈，快速开发产品的能力(包括周期及成本)成为企业竞争力的基础，虽然借助虚拟开发技术能够缩短新产品的设计周期，但很多情况下仍然需要快速制造出产品的物理原型(如样机、样件等)，以便征求各方面意见进行修改，在短期内制成能投放市场的定型产品；其次，日新月异的用户需求以及由互联网经济引领的制造业个性化、智能化转向，要求制造技术必须具备较强的灵活性，能以小批量甚至单件的规模进行生产，同时还不明显增加成本。因此，开发一种能迅速响应市场需求、缩短产品的上市周期而不显著增加产品成本的新制造技术实属大势所趋。

而从技术发展的角度看，现代科学技术的高速发展，尤其是微电子技术、计算机技术、数控技术、激光技术、材料科学的突飞猛进，为制造技术的发展变革创造了前所未有

的软硬件环境与机遇。截至 20 世纪 70 年代，发展快速成型技术所需的设计理念、技术条件和硬件基础已经基本准备完毕。

快速成型技术就是在这样的大背景下应运而生的。

1.1.2 发展历史

快速成型并非一项完全崭新的技术，其核心思想可以追溯到 19 世纪的照相雕塑(Photosculpture)和地貌成形(Topography)专利。但是，受限于当时的材料技术与计算技术等众多因素，这些早期的快速成型技术实践并没有得到广泛的商业化应用。现代意义上的快速成型技术研究始于 20 世纪 70 年代，但直到 20 世纪 80 年代，该技术才得以变为现实。

1. 萌芽期

1860 年，法国艺术家 Franois Willème 申请到了多照相机实体雕塑的专利，该技术将 24 台照相机绕物体围成一个圆并进行拍摄，然后使用与切割机相连的比例绘图仪来绘制物体轮廓，如图 1-2 所示。

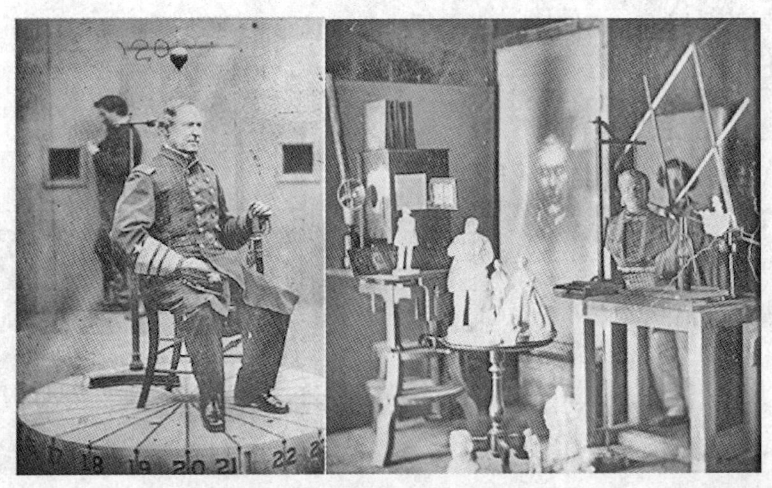

图 1-2　多照相机实体雕塑技术

1892 年，美国人 J. E. Blanther 在其专利中建议用分层制造法构成地形图，这种方法的原理是：将地形图轮廓线压印在一系列的蜡片上，然后按轮廓线切割蜡片，最后将其黏结在一起，熨平平面，就能得到三维地形图，如图 1-3 所示。

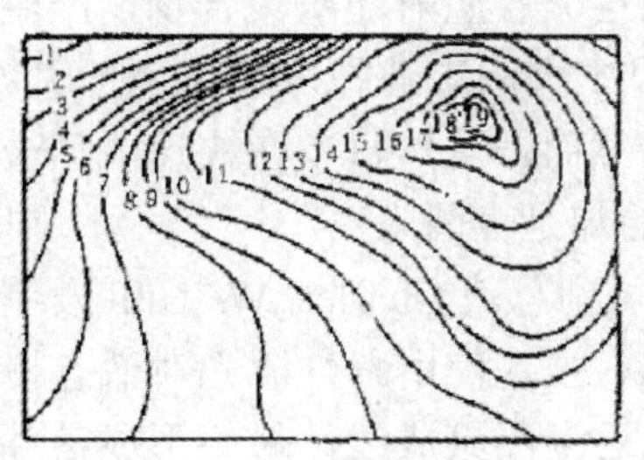

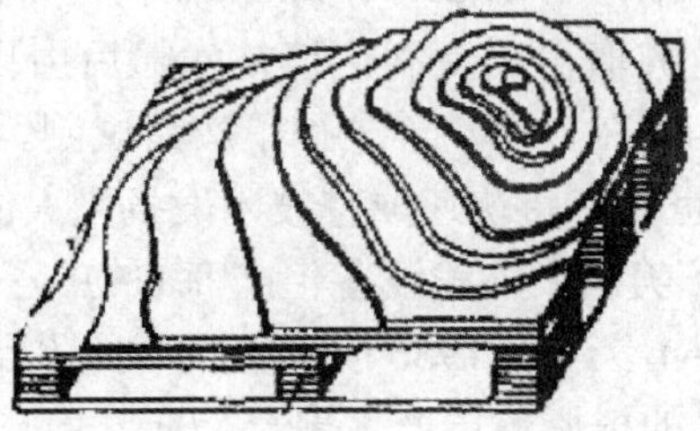

图 1-3　J. E. Blanther 的分层地形图

如今，多照相机实体雕塑技术与地貌成形技术是现代快速成型技术公认的两大源头。相比而言，多照相机实体雕塑由于更接近从三维模型数据产生物体的过程，因而更能体现快速成型技术的核心思想，一般被认为是现代快速成型技术的前身。

2. 奠基期

20 世纪最后 30 年是现代快速成型技术的奠基期，其间，美国、日本、德国、法国的科研人员各自独立地提出了现代快速成型技术的基本概念，即用叠层制造的方法产生三维实体的思想，现代快速成型的核心技术因而相继问世，为该技术的大规模商业化应用奠定了基础。下面按照时间顺序，逐一回顾这些关键性成果。

通常认为，1971 年美国人 Swainson 的专利、1972 年德国人 Ciraud 的专利和 1979 年发明家 Ross F. Housholder 的专利分别是现代光固化成型技术、现代直接粉末沉积成型技术、现代粉末烧结技术的基础，如图 1-4 所示。其中，Ciraud 实现了世界上第一个成功的现代快速成型制造过程。

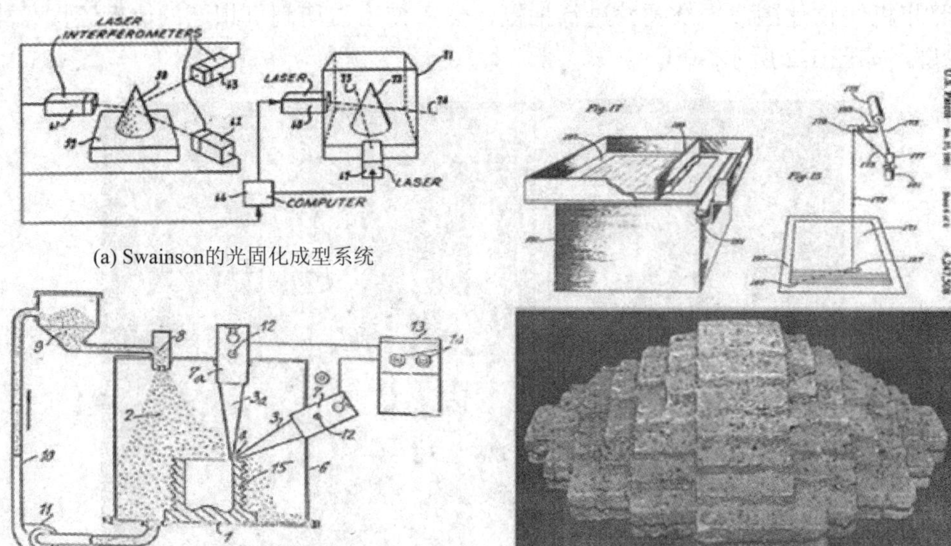

(a) Swainson的光固化成型系统

(b) Ciraud的粉末沉积成型过程

(c) Housholder的粉末烧结成型过程及初始产品

图 1-4　现代快速成型技术的发展

日本在快速成型技术的早期研发阶段也扮演了重要角色。1979 年，日本东京大学生产技术研究所的中川威雄教授独立发明了叠层模型造型技术。1981 年，日本名古屋市工业研究所的小玉秀南(Hideo Kodama)发明了通过分层照射光敏聚合物，产生三维物体的快速成型方法，并取得了专利，该技术随后由日本大阪工业技术研究所的丸谷洋二于 1984 年继续研究，并在 1987 年进行了产品试制。然而，虽然日本在快速成型技术领域颇有建树，但在 20 世纪末将快速成型技术发扬光大的却是美国人。

1984 年，美国紫外线设备生产商 UVP 公司副总裁 Charles W. Hull 发明了立体光固化成型技术(SLA)，并于 1986 年取得专利。SLA 技术使用紫外激光对液态树脂进行逐点扫描，使被扫描的树脂薄层产生聚合反应，由点逐渐凝聚成线，最终形成零件的整体模型。1988 年，由 Hull 创立的 3D Systems 公司生产出世界第一台现代快速成型机 SLA-250(液态

光敏树脂选择性固化成型机)，如图 1-5 所示。Hull 和他的公司 3D Systems 还研发了著名的 STL 文件格式，该格式已逐渐成为 CAD/CAM 系统接口文件格式的工业标准。由于对快速成型技术的开创性贡献，Hull 被尊称为“3D 打印之父”。

图 1-5　Charles W. Hull 与他的快速成型作品

1986 年，分层实体制造成型技术(LOM)由 Michael Feygin 发明并申请专利，该技术使用薄片材料、激光与热熔胶来进行制件的层压成型。1990 年前后，Feygin 组建的 Helisys 公司在美国国家科学基金会的赞助下，研发出第一台投入商用的快速成型机 LOM-1015。

1986 年，选择性激光烧结成型技术(SLS)由美国得克萨斯州大学奥斯汀分校的 Carl Deckard 研发成功并获得专利，如图 1-6 所示。经过多年的反复试验及探索，1993 年，Deckard 创立的 DTM 公司发布了第一台成功的商业 SLS 设备 Sinterstation 2000。SLS 技术以用高强度激光烧结粉末的方法来成型制件，因其在工业领域的巨大潜力，而被业界公认为影响最深远的快速成型技术。

'Revolutionary'

Machine makes 3-D objects from drawings

By Kathleen Sullivan

Wedged into the corner of an unused photo lab at the University of Texas is an ungainly machine that can transform a computer drawing into a three-dimensional model at the touch of a button.

Sometime next year, the machine, which was developed by a UT graduate student, will make its way out of the lab and into the commercial arena. It will leave with the blessing of the UT Board of Regents, which Thursday gave an Austin company exclusive licensing rights to the "revolutionary" new technology embodied in the machine.

The licensing pact paves the way for the first transfer of technology from the University of Texas at Austin to a commercial venture.

The company that won the right to market the invention is Nova Automation Corp., whose principal shareholders are an Austin consulting engineer and Nova Graphics International Corp., an Austin-based computer graphics software firm.

The agreement represents a "hard fought" victory for UT's fledgling Center for Technology Development and Transfer, said Meg Wilson, coordinator of the center, which was given life during the last Texas Legislature and got

See Inventor, A11

Associate Professor Joe Beaman shows some three-dimensional plastic models made by the 'selective laser centering' device developed by Carl Deckard, left.

图 1-6　1987 年美国新闻剪报，介绍 Carl Deckard(左)及其导师 Joe Beaman(右)开发的革命性 3D 打印技术

1989 年，熔融沉积成型技术(FDM)由美国传感器公司 IDEA 联合创始人之一的 S. Scott Crump 研发成功并申请专利，该技术以用高温将材料熔化后再喷出凝固的方法来制作物体。1992 年，Crump 成立的 Stratasys 公司开发了第一台商业机型 3D-Modeler，成为桌面级快速成型机的鼻祖，如图 1-7 所示。如今，FDM 已成为在商业上最为成功的快速成型技术，2014 年在全球已安装的快速成型设备中所占的份额达 30%，常见的桌面级快速成

型机亦都是基于 FDM 技术改进而来，Stratasys 公司也成为与 3D Systems 公司齐名的业界双雄之一。

图 1-7　S. Scott Crump 与他发明的快速成型机 3D-Modeler

1989 年，麻省理工学院教授 Emanual Saches 申请了三维印刷技术(3DP)的专利，该技术使用黏结剂，将金属、陶瓷等粉末粘接成型为制件。1995 年，麻省理工学院的毕业生 Jim Bredt 和 Tim Anderson 获得麻省理工大学的授权，改进了 3DP 技术，并成立了 Z Corporation 公司，成为彩色快速成型领域的先行者。

1984 年至 2000 年，快速成型最核心的四大专利技术 SLA、SLS、FDM、3DP 相继问世，专利数量较 1984 年以前大幅增加，而 3D Systems、Stratasys、EOS 等企业开启了快速成型的商业化时代，行业由此步入初始发展期。同一时期的中国，以清华大学、华中科技大学、西安交通大学等高校为代表的研究团队也开始研究快速成型技术，并研制出少量快速成型样机，这些最早接触快速成型技术的高校研究力量，形成了如今国内快速成型技术的“五大流派”。

3．爆发期

1996 年，3D Systems、Stratasys、Z Corporation 分别推出了 Actua 2100、Genisys、Z402 等快速成型机，第一次使用了“3D 打印机”的名称，此后快速成型业内也逐渐接受并使用这个名称，实现了从“快速成型”到“3D 打印”的更名。同时，随着一系列突破性技术成果的问世，快速成型产业也进入了爆发式增长的阶段。

2005 年，Z Corporation 公司发布世界第一台使用 3DP 技术的彩色快速成型机 Spectrum Z510，标志着快速成型技术迈入多色时代，如图 1-8 所示。

图 1-8　世界第一台彩色快速成型机 Spectrum Z510

2007 年，英国巴斯大学讲师 Adrian Bowyer 博士开发出世界首台可自我复制的快速成型设备“达尔文”(Darwin)，如图 1-9 所示。Darwin 是开源项目 RepRap 的成果，其最大的特点是允许任何人使用并改造它，是快速成型设备研发的一个重要里程碑。2009 年，首款基于 RepRap 开源技术的商业化成型机 MakerBot 推出，如今，MakerBot 已成为全球最受欢迎的桌面级快速成型设备。

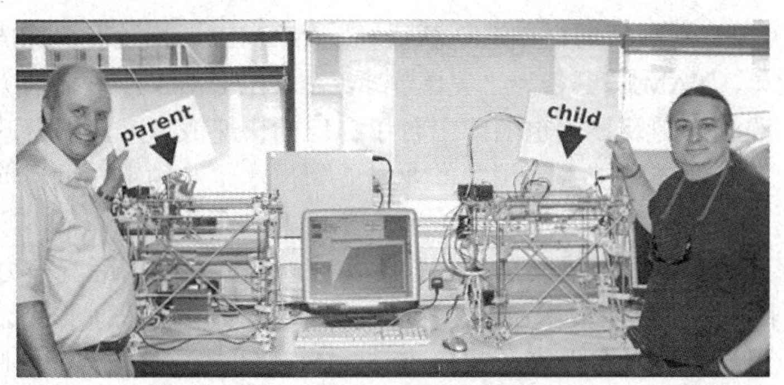

图 1-9　RepRap 开源快速成型机

2008 年，以色列的 Objet Geometries 公司推出 Connex500^{TM} 快速成型机，这是世界第一台可以同时使用多种原材料成型的快速成型设备，开创了混合材料成型的先河。由于混合材料成型理论上可以将多种材料组成的复杂产品一步制作到位，颠覆了传统的加工—组装模式，极大地提高了劳动生产率，因此已成为快速成型技术研发的热点领域。目前，业界已经能够制造出混合 100 种以上材料的快速成型机。

2010 年，美国 Organovo 公司研制出全球首台生物材料快速成型机，该成型机能够用人体脂肪或骨髓制造出新的人体组织，使得用快速成型技术制造人体器官成为可能。同年，世界第一辆快速成型汽车 Urbee 问世。

2011 年，桌面级快速成型设备收入增速首次超过工业级设备。同年，世界第一架使用快速成型技术制造的飞机由英国南安普顿大学的工程师设计、制造并放飞，成为飞机设计行业的一项革命性成就。

2012 年 4 月，在快速成型产业迅猛发展的大背景下，英国著名经济学杂志《经济学人》推出了《3D 打印推动第三次工业革命》的封面文章(图 1-10)，认为 3D 打印(快速成型)技术将“与其他数字化生产模式一起，推动实现第三次工业革命”，在全球舆论中掀起了快速成型技术的讨论热潮，快速成型技术亦开始得到普通大众的注意和认可。2012 年也因此被称为“3D 打印技术的科普元年”。

图 1-10　2012 年 4 月《经济学人》封面

纵观全球，欧、美、日等发达国家已将快速成型技术视为实现“再工业化”的重要契机。2012 年，美国建立国家增材制造创新研究院(NAMII)，将发展快速成型技术提升至国家战略高度，次年，NAMII 更名为“美国制造”(America Makes)联盟，并获得 8900 万美元的资金支持。欧洲各国及日本也随即出台了自己的快速成型产业扶持政策：欧盟及成员国致力于发展金属快速成型技术，相关产业发展和技术研发均走在世界前列；俄罗斯凭借在激光领域的技术优势，积极发展激光快速成型技术研究及应用；日本则全力推进快速成型与制造业的深度融合，意图借助快速成型技术重塑制造业的国际竞争力。

2013 年以来，快速成型技术已进入爆发式增长阶段，几乎每个月都会有新技术、新材料或者新型应用成果被发布出来。2013 年 5 月，亚洲制造业协会、中国 3D 打印技术产业联盟、英国增材制造联盟等单位主办了世界 3D 打印技术产业大会，世界 3D 打印产业联盟正式成立，如图 1-11 所示。国际性快速成型行业联合组织的建立，对推进快速成型的标准化、产业化和有序竞争，助力快速成型技术与制造业进一步融合等方面具有重要意义，而中国等新兴国家在其中势必会扮演越来越重要的角色。

图 1-11　世界 3D 打印技术产业大会

1.1.3　技术原理

快速成型技术集机械工程、CAD、逆向工程技术、分层制造技术、数控技术、材料科学、激光技术于一身，能够自动、直接、快速、精确地将设计思想转变为具有一定功能的实物制件，为产品原型制作、新设计校检等工作提供了一种高效的手段。

整个快速成型过程可分为离散分解与堆积结合两大阶段。具体过程如下：

(1) 借助计算机辅助设计或实物逆向工程方法，采集相关原型或零件的几何形状、结构与材料的综合信息，从而获得目标原型的三维模型。

(2) 对模型进行网格化处理，通过分层操作获取模型各层截面的二维轮廓信息，根据轮廓信息自动生成加工路径。

(3) 将加工路径输出到快速成型设备，使成型头在成型系统的控制下，沿加工路径逐点、逐面进行材料的“三维堆砌”成型。

(4) 对成型的制件进行必要的后期处理，使其外观、强度和性能达到设计要求。

快速成型技术彻底摆脱了传统的“去除”加工思路——去除大于制件的毛坯的材料来得到制件，而代之以全新的“增长”加工思路——用一层层的小毛坯逐步叠加成大制件，将复杂的三维加工分解成简单的二维加工的组合。因此，快速成型技术不需使用传统的加

工机床和模具，仅需传统加工方法的 10%～30%的工时和 20%～35%的成本就能直接制造出样品或原型，二者的比较如表 1-1 所示。

表 1-1　快速成型技术与传统加工方法的比较

加工方法	快速成型技术	传统加工方法
零件复杂度	可制造任意复杂形状的零件	受刀具或模具的形状限制，无法制造太复杂的曲面或异形深孔
材料利用率	不产生浪费，材料利用率超过 95%	产生切屑，材料利用率低
方法及工艺	叠层加工，一体成型	去除多余材料，切削加工，多工艺组合完成
加工对象	多为塑料、光敏树脂和金属粉末等材料	可以使用几乎任何材料
适用范围	小批量、造型复杂的非功能性部件	需要大批量生产的部件

1.1.4　技术优势

快速成型技术被认为是人类制造技术的一次重大创新，其优越性主要表现在以下几个方面。

1. 无人化制造

快速成型是一种完全自动的制造技术。操作者只需在成型之初向快速成型设备输入一些基本的工艺参数，之后就无需干预，成型完成后，设备会自动停止并展示结果。如果成型过程中出现故障，设备也会自动停止，同时发出警示并保留当前数据，实现了真正的无人智能化制造。

2. 高效率制造

快速成型技术集设计与制造为一体，实现了产品开发的快速闭环反馈，大大提高了开发效率。使用 STL 数据格式，快速成型系统几乎可以和所有的 CAD 造型系统无缝衔接，计算机根据三维模型的数据就可直接向快速成型设备下达指令，设备根据这些指令就能完成模具、原型或零件的加工，整个过程通常只需要几小时到几十小时，而如果使用传统的制模技术，同样的过程至少需要耗费几个月。图 1-12 为 GE 公司在美国格林威尔新建的快速成型工厂，该工厂的建设目的在于提高产品从设计到制造的转化效率。

图 1-12　GE 公司在美国格林威尔新建的快速成型工厂

3．个性化制造

快速成型过程中无需专用的夹具或工具，具有极高的柔性，这是快速成型技术最重要的特征之一。快速成型系统也是真正的数字化制造系统，只需修改三维模型，或是适当调整加工参数，就可以完成不同类型零件的加工制作。因此，快速成型技术特别适合在个性化、小批量的定制式生产中应用。

4．不限复杂度制造

快速成型技术采用的是分层制造方式，即对于任何形状的三维实体，都可以先将其离散为一系列层片，然后再叠加成型，大大简化了加工过程。因此，理论上快速成型技术可以轻松制造具有任意复杂形状及结构的零件，加工中空结构时也不需要考虑刀具干涉的问题。

1.1.5 技术局限

快速成型是一项年轻的技术，与传统制造技术相比，快速成型技术虽然有着巨大的优势，但目前也存在着诸多的局限，如制造成本过高、成型材料有限、制件的精度与性能较差、存在知识产权风险与道德困局等，这些局限在一定程度上成为了影响快速成型技术推广普及的瓶颈，下面对此逐一进行说明。

1．制造成本过高

目前的快速成型技术尚未完全解决成本过高的问题。工业级与桌面级快速成型设备的价格都十分昂贵，大多数进口桌面级快速成型机的售价在 2 万元人民币左右，国内研发的成型机价格也在 2000～20 000 元，可用于工业生产的快速成型设备则动辄百万元。快速成型材料的价格也长期居高不下，一公斤材料少则几百元，多则上万元，而且供不应求。

2．材料受限

快速成型技术对材料的要求十分苛刻，材料既要利于原型加工，又要具备较好的后续加工性能，还要满足对强度和刚度等的要求。现有的快速成型材料已经涵盖了高分子材料、金属材料、无机非金属材料三大类，材料的混搭使用和上色也已经成为现实，但这些材料种类与日常生活中丰富的材料种类还相差甚远，难以满足个人消费与工业生产的需求。因此，开发性能优良、成本低廉的快速成型材料，并使其系列化、标准化，将极大地促进快速成型技术的发展。

3．制件精度与性能较差

现有的快速成型技术在产品精度和生产效率方面存在一定的局限性，浪费、繁琐又费时的后处理工作更是成为了阻碍快速成型技术批量应用的主要原因之一。而且，现阶段的快速成型技术缺乏行业统一标准，国内企业要么执行各自的企业标准，要么参照国外标准，没有统一的标准化程序和规范来指导生产，成型的产品往往千差万别，难以适应工业化生产的需要。

4．知识产权风险与道德困局

随着快速成型技术的普及，对物品的复制将会变得更为容易，这势必对知识产权保护工作造成不小的挑战。而且，由于快速成型技术能够独立制造的产品几乎是无限的，一些

危害人身安全的工具或是有悖伦理道德的生物制品(如图 1-13 所示的枪支)，都可能在不远的将来被任何人轻松制造出来，它们所带来的安全问题和道德挑战，将是快速成型技术迫使我们面对的崭新课题。

图 1-13　美国 Solid Concept 公司使用金属快速成型技术制造的不锈钢手枪

1.2　快速成型技术的应用领域

近年来，随着社会公众对快速成型技术的关注程度与日俱增，快速成型技术的应用领域得以空前拓展。在工业制造、文化创意、医学科研乃至建筑工程、材料研发和食品加工等领域都迅速占有了一席之地。

1.2.1　工业制造

在工业领域，快速成型技术已广泛应用于产品设计、模具制造以及零部件直接制造的各个生产环节。航天、军工、汽车、消费电子等是目前快速成型技术应用的主要领域，因为这些行业所需的零件大多形状复杂，价格昂贵，使用传统加工技术生产十分困难，而使用快速成型技术，则能迅速研发并制造出满足要求的产品。

1. 新产品设计与评估

快速成型技术可以帮助企业更快地完成、评估并修改产品的设计方案，使产品开发变得更加高效。使用传统方式开发新产品，从设计到制造一般至少历时数月，期间还要经过多次返工和修改，而使用快速成型技术，可以在极短时间内就将设计思想转化为具备一定功能的直观样品，以验证设计人员的构思，发现外观和结构等方面的问题。使用快速成型技术制作的样品也可用于装配检验和干涉检查，某些情况下甚至可以直接用于性能和功能参数相关实验研究(如流动分析、应力分析等)，帮助设计者迅速完善产品的结构、工艺及所需模具的设计方案，从而为企业节省大量时间和费用。

目前，众多企业已将快速成型技术应用于新产品开发的过程中，如电子巨头 Hama。长期以来，Hama 的设计师都必须将鼠标的设计数据发送给远东的工厂，几周之后才能拿到生产出来的样品，如果需要修改设计方案更会非常耗时，而使用快速成型技术，在几小时内就能完成鼠标样品的制造，如图 1-14 所示。

图 1-14 快速成型制造的 Hama 鼠标样品

快速成型技术带来的产品研发革命并不局限于小型产品。在过去的几十年里，汽车制造都是一项需要在前期进行大量铺垫的工作，想要改动汽车的设计更是一件费时费力的事情。而在 2016 年，美国的 Local Motors 公司与 IBM 联手推出了全球首辆物联网无人驾驶迷你巴士 Olli(图 1-15)。在 Olli 的研发过程中，Local Motors 公司借助快速成型技术与 3D 建模软件，开创了一种全新的"动态"造车方式。如果要对 Olli 这样的车辆做出修改，只需使用软件修改相应的 3D 数字模型，再将模型输入快速成型机，即可制作出实体车辆。这种方式彻底颠覆了传统的汽车工业流程，不仅操作简便省时，还节省了大量不必要的设计开支。

图 1-15 借助快速成型技术研发的全球首辆物联网迷你巴士 Olli

2. 模具快速制造

模具制造是快速成型技术的传统应用领域。传统的模具制造方法周期长、成本高，而快速成型技术则可以大大缩短模具开发周期，提高生产率。

例如，葡萄牙的大众 Autoeuropa 工厂从 2014 年起开始使用快速成型技术来生产在装配线上使用的模具组件。据大众公司宣称，在 2016 年，FDM 桌面快速成型设备的使用让该工厂节省了 16 万美元，将典型生产成本降低了 90%以上，并减少了 95%的工具开发时间。

德国运动服装巨头 adidas 也正在将快速成型技术融入鞋类产品模具的设计生产过程中，他们在新款运动鞋 Springblades(刀锋)中使用了金属粉末烧结成型技术，在 48 小时内就制成了 60 mm × 80 mm × 40 mm 的钢制模具，不仅克服了传统鞋模注塑成型技术在制造复杂结构时难度大、速度慢、材料浪费严重的缺陷，还拓展了设计空间，如图 1-16 所示。

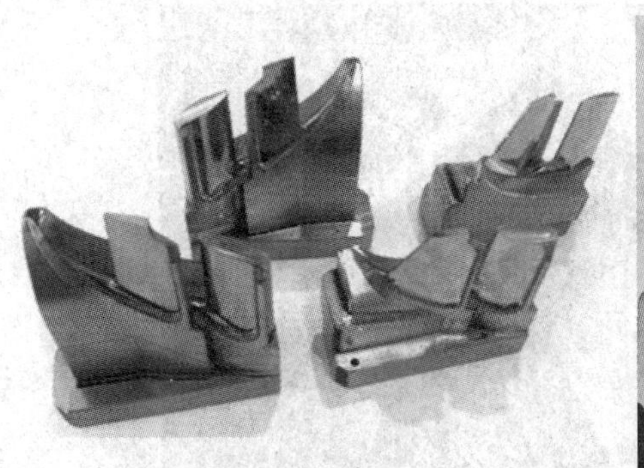

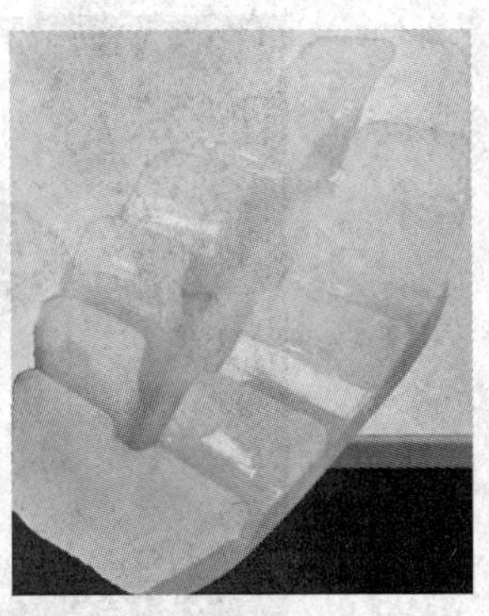

图 1-16　Springblades 的鞋模和用该模具生产的塑料部件

3. 工业零部件直接制造

快速成型技术不仅可以制造工业用模具，也可以直接制造生产级的工业零部件。在航空业、汽车制造业和消费电子业领域，快速成型技术已经能以较低的成本、较高的效率生产小批量的定制部件，减少了人力、物力投入，并缩短了交货周期。

在航空业，2016 年美国 GE 公司宣布以 5.99 亿美元的价格收购德国 Concept Laser 公司 75%的股份，加速布局快速成型航空发动机零部件业务。结合 GE 的技术与 Concept Laser 公司在快速成型领域的专业优势，GE 增材制造集团正在研制世界上最大的 SLS 快速成型设备，这台暂定名为“ATLAS”的设备可以直接成型出直径 1 m 的航空部件，如喷气发动机的结构件和单通道飞机部件，预计该设备将于 2018 年投入使用。

在汽车制造业，2015 年 11 月，美国奥迪公司使用金属快速成型技术按照 1∶2 的比例制造出了 Auto Union(奥迪前身)在 1936 年推出的 C 版赛车(图 1-17)的所有金属部件，成为使用快速成型技术制造整车的成功范例。美国福特公司作为第一家使用 Stratasys Infinite Build 快速成型系统的汽车制造商，也正在尝试使用该系统制作大型一体式汽车零部件，例如福特性能车型或个性定制的汽车零件等。

图 1-17　金属快速成型技术制造的奥迪 C 版赛车

在消费电子业，主要针对海外市场的国内手机厂商 Bluboo 于 2015 年推出了 Xtouch 智能手机，这是业内首款在量产中使用快速成型技术的智能手机，如图 1-18 所示。Bluboo 表示，快速成型技术在量产中的运用简化了生产流程，提升了生产效率，而且使用快速成型技术生产的后盖还具备额外的柔韧特性。

图 1-18　快速成型技术制造的 Bluboo Xtouch 手机后盖

1.2.2　文化创意

在文化创意领域，目前快速成形技术已被广泛用于工艺品设计、服装设计、文物修复、个性定制品生产等行业。

1．工艺品设计

借助 CAD 软件和逆向工程，快速成型技术为设计制作工艺品提供了极大的便利，不仅能从多个角度修改设计、添加材质并渲染色彩，使设计方案呈现完美逼真的视觉效果，还能轻松完成传统方法不可能完成的复杂制作工艺。如西安铂力特公司使用自主研发的快速成型设备生产的经典工艺品“玲珑球”，采用钛合金粉材制造，造型独特美观，是快速成型技术一次成形高复杂度多孔结构工艺品的典型代表作品，如图 1-19 所示。

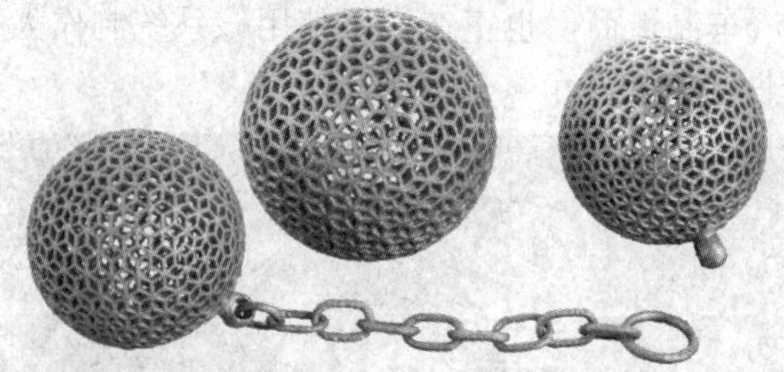

图 1-19　金属快速成型技术制作的工艺品“玲珑球”

2．文物仿制与修复

将快速成型技术应用于珍贵文物的仿制，可以得到表面规整光滑的修复模型或仿制品，为文物修复与仿制提供了一种全新的方法，仿制品可用于展览、收藏或是影视拍摄，使珍贵的原始文物免于遭到损坏。例如，纽约史密森尼博物馆曾因要将著名的托马斯・杰

斐逊雕塑移至弗吉尼亚州展览，使用快速成型技术制作了一个巨大的复制品放在原位暂时替代原始雕塑，如图 1-20 所示。而 2012 年成龙主演的电影《十二生肖》中的兽首，亦是使用快速成型技术仿制的高精度复制品。

图 1-20　快速成型技术制作的托马斯·杰斐逊雕像复制品

3. 个性化定制

随着快速成型技术的逐渐成熟，为每位用户定制一款专属产品的理想正在成为现实，产品的个性化定制将成为新常态。

2007 年，全球领先的线上快速成型产品定制服务提供商 Shapeways 成立，它搭建了一个基于互联网的快速成型服务平台，担当起快速成型服务供应商和需求者之间的"红娘"角色，用户可通过其公司网站定制由快速成型技术制作的个性化礼品、电子产品和日用品等，如图 1-21 所示。目前提供同类服务的企业还有 MakeXYZ、3DLt、3DHubs 以及国内的先临三维、光韵达、魔猴网等。而在线下，"3D 照相馆"正悄然进入中国的大中型城市，成为普通人最触手可及的快速成型技术成果。

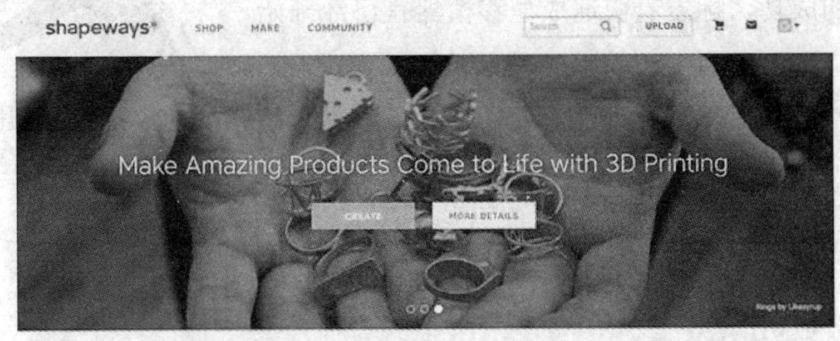

图 1-21　快速成型服务平台 Shapeways

1.2.3　生物医疗

目前，快速成型技术在生物医疗领域的应用主要有三个：① 制造病理模型，供医生进行术前演练；② 制造辅助医疗器械与植入性医疗设备；③ 制造医用移植器官。

1. 病理模型制造

借助于 CT(Computed Tomography)及核磁共振 MRI(Magnetic Resonance Imaging)等高分辨率检测技术，以医学影像数据为基础，快速成型技术可以制作高度仿真的人体器官模型，在外科手术规划和器官移植等方面有极大的应用价值。

2. 医疗器械制造

快速成型技术是制造个性化医疗辅助器械的理想工具。例如，传统的义齿种植用手术导板多采用基于石膏模型的热压膜技术制造，无法精准控制种植体的位置，很大程度上依赖医生的临床经验，偏差较大，而使用快速成型技术制作手术导板，则可以依据患者的解剖特征，将种植体的精准三维位置、最终修复体轮廓、重要颌骨内解剖结构等信息融入所制造的手术导板当中，真正实现个性化手术导板的制造，做到植入体与患者病理部位的准确对接和精准植入，从而减少手术并发症，获得理想的种植修复效果，如图 1-22 所示。

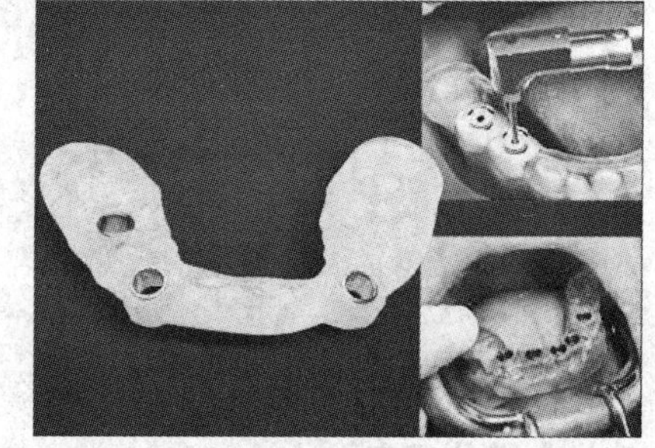

图 1-22 快速成型技术制造的义齿种植导板

3. 移植器官制造

医用移植器官制造已经成为快速成型技术最具前景的应用领域之一，目前较为成熟的应用主要集中在人工假肢、人工活性骨制造等方面，利用骨骼 CT 图像数据提取出精确简洁的骨骼轮廓，重构出骨骼的三维模型，就可使用快速成型技术制造人工骨骼。

2011 年，荷兰医生给一名 83 岁老妪成功移植了一块用快速成型技术制造的金属下颌骨(如图 1-23 所示)，这是全球首例快速成型器官移植手术。该下颌骨由比利时公司 LayerWise 和比利时哈瑟尔特大学生物医学研究院合作研发，该例手术的成功，标志着快速成型移植器官已经开始进入临床阶段。

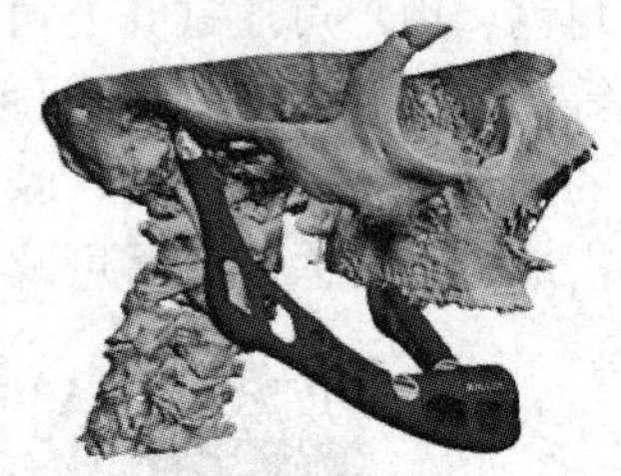

图 1-23 世界首例快速成型技术制造的下颌骨

除人工假肢和骨骼以外，使用生物快速成型技术制造有机组织——如人造血管、心脏、神经、皮肤等，以修复、替代和重建病损组织和器官；或是使用快速成型技术为患者定制个性化药品等，也都是快速成型技术在医学方面的应用热点。

1.2.4 其他应用

快速成型技术现阶段的应用领域还包括建筑、精密电子、新材料开发、食品加工与服装设计等。随着技术的不断成熟和完善，未来快速成型技术的应用领域也将不断拓展。

1. 房屋建筑

在建筑行业，中国上海的盈创公司走在了世界前列。2016 年 5 月 24 日，全球首座使用快速成型技术建造的办公室“未来办公室”在阿联酋迪拜国际金融中心落成，如图 1-24

所示。这间办公室由迪拜与中国盈创公司合作建设，单层建筑占地面积 250 m^2，成型材料为一种特殊的水泥混合物，建筑各个部分均由一台高 6 m、长 36 m、宽 12 m 的巨型快速成型机制造，施工时长仅为 17 天，总造价 1.4 万美元(约合 9.3 万元人民币)，同时还减少了三至六成的建筑垃圾，展示了快速成型技术在建筑行业的巨大潜力。有专家预测，该技术除了可以缓解当前房屋建造成本和效率方面的压力之外，在未来人类太空定居点的建造工作中也将发挥重要作用。

图 1-24　迪拜“未来办公室”

2．精密仪器生产

快速成型技术不仅适用于大尺寸制件，其在精密仪器特别是微电子元件制造领域也有一定的应用潜力。2016 年 1 月，以色列 Nano Dimension 公司在德州达拉斯举办的 SolidWorks World 2 大会上展示了一台可制造印刷电路板的快速成型机以及其制造的电路板，如图 1-25 所示。这种双喷头快速成型机使用材料喷涂技术来沉积作为基材的光聚合物，用银纳米颗粒油墨作为导电迹线，然后使用光来实现光聚合物的完全固化和银的烧结，将银沉积在厚度为 2 μm 的层中。该成型设备完成一块尺寸为 38 mm × 38 mm 的电路板的制作大约需要 75 min，因此目前仅能用于原型制造和小批量生产。

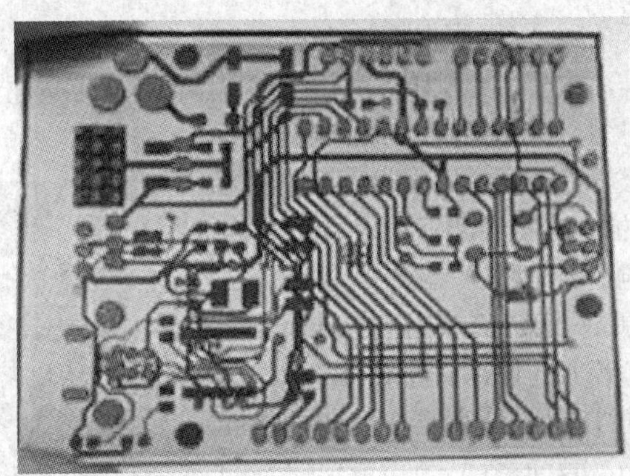

图 1-25　Nano Dimension 公司制造的快速成型电路板

3．新材料研发

快速成型技术可实现多种材料在微观层面的深度融合，创造出前所未见、具有神奇性能的“超材料”。2015 年 4 月，亚利桑那大学的华裔科学家辛皓与其合作者开发出一种使

用金属、塑料和其他物质为原料来制造超材料的快速成型新方法，此法制造的超材料类似于多孔保龄球和微小铜线电路板，当它们以非常精细的几何结构组装时，就会出现奇特的“负折射”特性，可以使光波倒退。这意味着，如果将此种材料用于军用飞机的涂装，可令其实现完美“隐形”——无论视觉还是雷达都无法看到它。

4. 服装设计

快速成型技术在服装行业也开始崭露头角，从纽百伦的跑步鞋到香奈儿的套装，再到巴黎时装周上快速成型服装的首秀，业界已经出现了一些令人印象深刻的快速成型产品。2016 年，服装品牌 Ministry of Supply 推出了一款无缝外套，它使用快速成型设备进行编织，从最细的线到最后的成衣一气呵成，即使是衣袖和衣领亦都是直接成型而非缝接的，如图 1-26 所示。该公司首席设计官表示：“3D 打印是下一代服装设计界的未来，它可以用成熟的科技来代替扁平的布料。将来购买服装的理想状态是，你走进一家服装店，机器扫描你的身体尺寸，然后你就能预定一款为你量身打造的独一无二的服装了。”

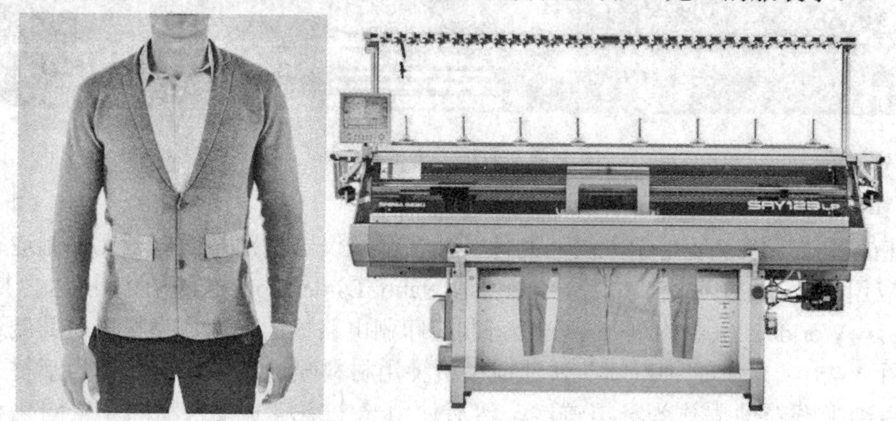

图 1-26　Ministry of Supply 的快速成型无缝外套及其生产设备

5. 食品加工

快速成型技术甚至在食品行业也开始占有一席之地。食品快速成型机以奶酪、巧克力、蛋糕糊等作为原料，电子图纸则像食谱一样，精准地规定食材的成型顺序以及分布比例，用户只要按下打印键，成型机就会依照电子图纸，将各种食品原料按照顺序依次堆叠成型。使用快速成型技术制作食品，不仅可以大幅缩减从原材料到成品的加工环节，降低对食品卫生及新鲜程度的不利影响，还解放了厨师的创造力，帮助他们更自由地研制个性菜品，满足挑剔食客的口味需求，可谓相当有潜力的快速成型技术。

图 1-27　巧克力快速成型机 CocoJet

2015 年，在美国拉斯维加斯举行的消费电子展上，3D Systems 展出了和好时食品公司合作研发的巧克力快速成型机 CocoJet，如图 1-27 所示。据称，CocoJet 可帮助糕点师和巧克力公司制作甜食，而这些甜食如果用传统手工制作将会非常耗时耗力，该成型机因此被媒体誉为“最美味的发明”。

1.3　快速成型产业现状与趋势

近年来，借着新一轮科技革命和产业变革的东风，快速成型产业步入迅猛发展期。2012 年，全球快速成型产业规模为 22 亿美元，而到 2016 年，这一数字就飙升至 60.63 亿美元，五年增长了近三倍。2016 年，全球有 97 家公司在生产和销售快速成型设备，较 2015 年的 62 家和 2014 年的 49 家均有上涨。总体来看，快速成型技术正朝着速度更快、精度更高、性能更优、质量更可靠的方向发展，在汽车、机械、电器电子、国防工业、生物医疗等领域将会得到更为广泛的应用。

与美欧等发达国家相比，中国快速成型产业起步较晚，但发展较快，市场前景更是十分广阔，虽然仍存在一些瓶颈因素，但总体来看具备显著的后发优势。未来，快速成型技术必将成为助推中国产业结构转型升级的一股强大科技力量。

1.3.1　国际：机遇与挑战并存

经过近半个世纪的发展，全球快速成型产业在规模持续快速增长的同时，企业之间的竞争与整合也日趋白热化，总体而言呈现出机遇与挑战并存的状态。

1. 产业体系日趋成熟

全球快速成型产业格局已基本形成，据权威机构 Wohlers Associates 的报告统计：2015 年全球快速成型设备市场保有量格局中，欧、美国家占有率为 67.9%，其中北美国家占有率为 39.7%，欧洲国家占有率为 28.2%，均呈现下降趋势；亚洲国家占有率为 27.5%，呈现小幅上升趋势，如图 1-28 所示。目前，已基本形成了美、欧等发达国家和地区主导，亚洲国家和地区后起追赶的发展态势。

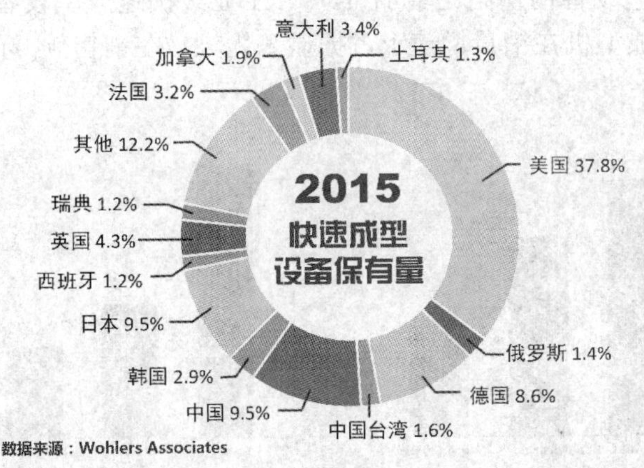

图 1-28　2015 年全球快速成型设备保有量分布

在美、欧、日等快速成型产业发达的国家，以政府和财团投资为主导，以大学、政府科研机构、企业研发部门及开源项目团队为技术支持，以材料供应商、设备制造商、方案提供商为市场孵化器的成熟产业链条已基本建立，但与此同时，快速成型行业也正在走出田园牧歌的自由竞争时代，步入优胜劣汰的“红海”。近几年来，大规模的企业并购案层出不穷，传统制造业大鳄如 GE、奥迪、惠普等亦试图借助自身的资源和技术优势，在这片新兴市场“跑马圈地”，抢占行业优势地位，如图 1-29 所示。

2011年	Stratasys收购Solidscape
2012年	Statasys和Objet完成业内最大规模合并
	GE收购3D打印服务商Morris Technologies
2013年	3D Systems收购法国Phenix Systems
2014年	Stratasys收购MakerBot
2015年	3D Systems收购无锡易维，创建3D Systems中国
	佳能、理光、东芝、欧特克、微软和苹果涉足3D打印市场
2016年	GE收购两大3D打印巨头Concept Laser和Arcam

图 1-29　近年快速成型业界重要并购案一览

日益惨烈的竞争下，唯有具备核心竞争力与强大技术实力的快速成型企业才可能幸存并成长壮大，成为下一个时代的行业领路人。未来，快速成型技术的商业模式势必更加完善，产业结构会更加健康，竞争也将更为有序。

2．专业/工业级设备潜力巨大

近年来，随着技术的进步与市场竞争的加剧，概念型快速成型设备的代表——桌面级快速成型机仍然受到资本的持续青睐，成为拉动全球快速成型设备销量的主要因素。相比之下，工业级快速成型设备则略显惨淡，根据大数据公司 CONTEXT 的数据，2016 年上半年全球桌面快速成型设备销量同比增加 15%，工业级快速成型设备却减少了 15%。但是，尽管桌面级快速成型机在销量增速上占据显著优势，在销售额方面却大为逊色，如图 1-30 所示。

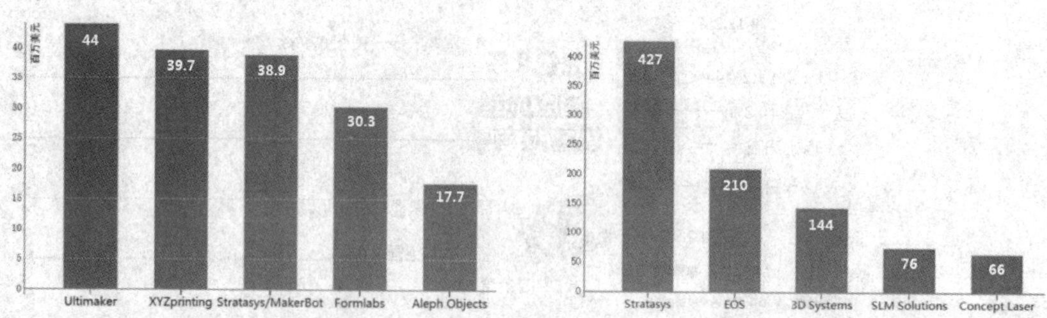

图 1-30　桌面级与专业/工业级快速成型设备销售额排名(2016)

鉴于桌面级快速成型设备的竞争已日趋同质化和白热化，推广困难且利润偏低，商业潜力有限，许多快速成型企业已经开始对产品线作出调整，转向更赚钱的专业级和工业级市场。2015 年底，全球最大快速成型系统厂商之一 3D Systems 宣布停产消费级桌面级快速成型机，而根据《Wohlers 报告(2016)》的研究，2015 年全球有 62 家制造商生产和销售工业级快速成型系统，而前一年仅为 49 家，2016 年这一数字增加到 97 家，相比 2014 年

增长了近一倍。

总体而言，快速成型技术的应用正在从单体、零散的概念模型制作转向工业化批量定制，随着技术的逐渐成熟和成本的不断降低，工业级/专业级快速成型设备必将会爆发出令人难以想象的巨大潜力。

3．金属与生物快速成型技术成热点

金属快速成型是门槛最高、前景最好的快速成型技术之一。在航空航天、汽车、医疗器械、核电、造船等高精尖工业领域，很多零件形状复杂、价格昂贵，传统铸造工艺无法生产或损耗较大，而金属快速成型技术则能快速制造出满足要求的产品。根据 CONTEXT 发布的数据，2015 年全球金属快速成型设备销量增长了 35%，2016 年上半年同比增长 17%，成为快速成型工业级市场逆势上涨的一朵奇葩。2016 年工业级/专业级快速成型设备在销量下滑的同时，销售额却实现了增长，这几乎完全要归功于具有更高价格的金属快速成型设备销量的猛增。

生物快速成型技术是业界的另一个研发热点，医学模型、组织工程、细胞打印等技术正逐渐获得医学界的认可。最近几年，生物快速成型技术不断出现新突破，2017 年，美国肯塔基州的 Advanced Solutions 公司开发出一种新型生物快速成型机 BioAssemblyBot，这款机器操作一个六轴机器人臂来实施成型，目标是直接制作可用于移植的人体器官，如图 1-31 所示。

图 1-31　生物快速成型机 BioAssemblyBot

尽管眼下还面临着材料、成本、精度、标准等方面的制约，市场规模也较小，但考虑到医疗行业巨大的需求潜力与极小的需求弹性，快速成型技术在器官移植、生物制药、手术规划等领域必将有极为广阔的应用前景。

4．新材料不断涌现

快速成型材料一直是制约快速成型技术产业化的重要因素，业界对性能更好、价格更低的成型材料的开发需求日益迫切。鉴于此，美国政府已在 2015 年初宣布投资 2.59 亿美元创建“先进复合材料制造创新研究所”，致力于开发成本低、易成形、变形小、强度高、耐久及无污染的成型材料。同时，一些快速成型企业、科研机构及第三方材料(尤其是金属材料)生产企业也正迅速涌入快速成型材料研发领域。

2015 年，德国化工巨头巴斯夫(BASF)、Laser-Sinter Service(LSS)与中国快速成型公司

华曙高科合作，共同研发了一款新型快速成型材料——PA-6 粉末，该材料具有很高的强度和优异的热稳定性，而且非常适合回收利用。目前 PA-6 主要用于 SLS 技术，也可以根据特定的应用需求进行调整。

2017 年 6 月，以色列的 Nano Dimension Technologies 公司成功开发出一种抗氧化的铜纳米颗粒，如图 1-32 所示，该颗粒可以烧结熔融成一根导电线或一个痕迹，突破了用快速成型技术制造电子产品时只能使用银等贵金属材料的瓶颈。据介绍，用这种突破性的铜纳米颗粒开发的导电铜墨水将会“显著降低用于 3D 打印电子元件和 PCB 的原材料的成本”。

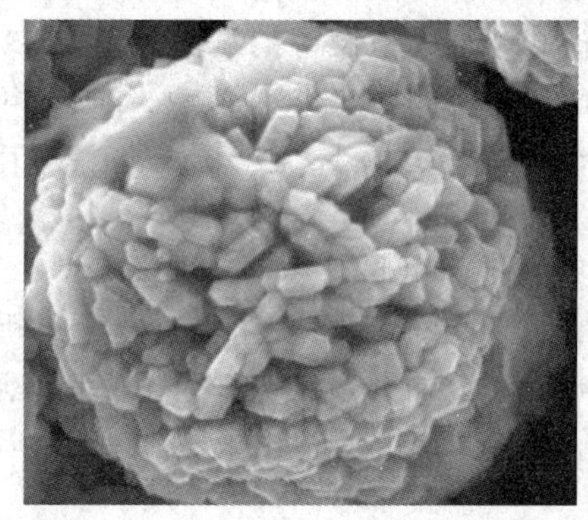

图 1-32　Nano Dimension Technologies 公司开发的铜纳米颗粒

可以预见，在多方共同努力下，智能材料、功能梯度材料、纳米材料、非均质材料及上述材料的复合材料等必将不断涌现。未来，快速成型材料的种类、形态将得到进一步拓展，价格会继续下降，其精度、强度、稳定性和安全性也会更有保障。

5．新技术层出不穷

研发更快、更好的快速成型技术一直是业界的重点努力方向，近年来，在主流的 SLA、LOM、SLS、FDM 与 3DP 技术日渐完善的同时，新技术也在不断涌现。

2015 年 4 月初，美国 Carbon 3D 公司发布了一种革命性的快速成型技术——连续液界面制造(CLIP)技术，基于该技术的快速成型机 M1(图 1-33)可以直接打印出同时具备工程级的机械属性和表面光洁度的高分辨率零部件而无需后期加工，成型速度更比现阶段任意一种主流技术都快 25～100 倍。CLIP 技术的问世，在快速成型业界具有划时代的意义。

图 1-33　使用 CLIP 技术的快速成型机 M1

2016 年 5 月 17 日，惠普也推出了基于其开发的多射流熔融(Multi-Jet Fusion，MJF)技术的快速成型机 HP Jet Fusion 3D 3200 和 HP Jet Fusion 3D 4200，如图 1-34 所示。速度方面，MJF 技术的打印速度比其他快速成型技术快 10 倍以上，若要批量生产 1000 个齿轮，使用高品质的激光烧结设备至少需要 38 小时，而该技术只需 3 个小时即可完成；质量方面，该技术在喷射熔剂的同时还会喷射一种精细剂，以保证边缘表面光滑及精确成型；成本方面，该技术可将打印成本降低 50%。MJF 技术简化了

工作流程，实现了高速度、高质量和低成本的有效结合，是最有潜力的快速成型新技术之一。

图 1-34　HP Jet Fusion 3D 3200 和 HP Jet Fusion 3D 4200

6．数据处理技术持续优化

快速成型数据处理技术主要包括两类：将三维 CAD 模型转存为 STL 格式文件的技术，以及用快速成型专用软件进行平面切片分层的技术。但是，STL 格式有其固有缺陷，而平面分层亦会导致台阶效应的问题。鉴于此，目前对快速成型数据处理技术的优化主要包括两个方面：一是开发快速成型的高性能 RPM 软件，提高数据处理速度和精度；二是开发直接使用 CAD 原始数据切片的方法，如基于特征的模型直接切片法、曲面分层法等，减少在 STL 格式转换和切片处理中所产生的精度损失，改善快速成型产品的精度和表面质量。

7．设备性能不断改进

快速成型设备自身的性能瓶颈是制约快速成型产业化的另一个重要因素，因此，有必要大力改善现有快速成型设备的制作精度、可靠性和制作能力，提高生产效率，缩短制作周期，开拓并行打印、连续打印、大件打印、多材料打印的工艺方法，提高成型件的表面质量、力学和物理性能，为进一步进行模具加工和功能试验提供载体。

2017 年，由美国宾汉姆顿大学、纽约州立大学和麻省理工学院组成的联合研究团队发表了题为《FDM/FFF 3D 打印速率限制及高通量系统设计指南》的最新研究报告。报告称，他们已经确定了制约现有快速成型设备性能提升的一些关键障碍，并提出了有针对性的改进方案。据悉，该方案能显著提升现有快速成型设备的工作效率，已经获得了洛克希德马丁公司、国防部、麻省理工学院国际设计中心(IDC)和麻省理工学院制造商的资助和支持。

8．与云计算和物联网相结合

全球已经进入了高度信息化的时代，而互联网作为信息化的重要媒介，正在重新定义各行各业。未来，运用人工智能设计产品将成为主流，而这些智能产品的很多部件目前只能用快速成型技术制造出来，快速成型技术完全无需人工干预的特点，更使其成为实现真正意义上的远程制造和智能制造的首选。

研究人员正致力于加大快速成型网络化服务的研究力度，实现对成型设备的远程控制，用户只需通过网络将产品图纸各部件分别发送到不同的快速成型设备上，无人值守的快速成型设备就能将产品所有组件一次成型，轻松实现智能化、远程化、分布式制造，省去了物流环节，节约了时间和人工成本。未来，与云计算、智能制造及物联网的紧密结合将会是快速成型技术研发的热点领域，而其开拓出的云制造时代将会彻底改变人类的生产和生活方式。

1.3.2 国内：后发优势明显

我国快速成型技术的研究起步于 20 世纪 90 年代，在科研领域与世界先进水平基本同步，但产业化仍然处于起步阶段，然而，随着政策扶持力度的提升与产业化进程的加快，可以预见我国快速成型产业将表现出显著的后发优势。

1. 政策扶持力度加大

早在 2013 年，中共中央总书记、国家主席习近平在武汉进行考察时就曾高瞻远瞩地指出：快速成型技术非常重要，需要抓紧实现产业化。在国家领导人的殷切关怀下，一系列大力扶持快速成型产业发展的新政策相继出台。

2015 年 2 月，工业和信息化部公布《国家增材制造产业发展推进计划(2015—2016年)》，指出要从五方面推进增材制造(快速成型)产业的发展，包括着力突破快速成型专用材料、加快提升快速成型工艺技术水平、加速发展快速成型装备及核心器件、建立和完善产业标准体系以及大力推进应用示范。

2015 年 5 月 8 日，国务院正式印发《中国制造 2025》，将快速成型规划为全面推进实施制造强国战略的 10 个重点领域之一。

2016 年,《战略性新兴产业重点产品和服务指导目录》将增材制造技术(快速成型技术)列入第二大板块的高端装备制造产业中。

2017 年 1 月 19 日，工信部再次表示，年内将实施国家制造业创新中心建设工程，启动增材制造(快速成型)创新中心能力提升项目，再布局 2～3 家国家创新中心，重点产业集聚的省市可选择优势领域，创建省级制造业创新中心。

上述扶持举措，充分彰显了我国发展快速成型产业的决心，在政策利好的暖风下，我国快速成型产业在未来 5 年内或将迎来爆发式增长。

2. 自主科研成果丰硕

我国快速成型自主科研成果丰硕，目前，已基本形成了清华大学颜永年团队、北京航空航天大学王华明团队、西安交通大学卢秉恒团队、华中科技大学史玉升团队和西北工业大学黄卫东团队等五大骨干科研力量，论文和专利的数量不断增加。

清华大学颜永年团队在现代成型学理论、分层实体制造、FDM 工艺等方面具有相当的优势，首次提出了经典的“离散-堆积”成型原理，并将快速成型引入到生命科学领域，提出了“生物制造工程”学科概念和框架体系，致力于探索快速成型技术在活体组织修复制造与仿生产品制造方面的应用。

西安交通大学卢秉恒团队从 1993 年起在国内率先开拓了光固化快速成型系统的研究，已开发出国际首创的紫外光快速成型机以及具备国际先进水平的机、光、电一体化快速制造设备和专用材料，构建了一套国内领先的产品快速开发系统，其中 5 种设备、3 类材料已实现产业化生产，对我国制造业竞争力的提高起到了重要作用。

北京航空航天大学王华明团队围绕大飞机等国家重大专项及重大装备制造业发展的战略需求，研制出了在重大装备制造中具有极高应用价值的“高性能难加工大型复杂整体关键构件激光直接制造技术”，使我国成为目前世界上唯一突破飞机钛合金大型主承力结构件激光快速成形技术难关，并实现装机应用的国家。图 1-35 为我国自主研发的大型客机 C919 的机头钛合金主风挡整体窗框，在制造该窗框时，由于其尺寸大、形状复杂，国内飞机制造厂无法用传统方法制造，若外包给欧洲公司，仅模具费就要 50 万美元，且两年后方能交付使用，而王华明团队使用自主研发的金属快速成型技术，仅用 55 天就制造完成，成本还不及欧洲锻造模具费的十分之一。

图 1-35　C919 钛合金主风挡整体窗框

西北工业大学黄卫东团队已获得激光立体成型的材料、工艺和装备相关的国家发明和实用新型专利 12 项，并独立研发了具有国际先进水平的激光立体成型技术，该技术是我国具有自主知识产权的新型快速成型技术，已成功运用在航空航天发动机等关键部件的制造上，其成本与国外锻压制造成本基本持平。2009 年，黄卫东团队与中航商飞合作，应用自主研发的激光立体成型技术，成功解决了 C919 飞机大型钛合金结构件中央翼缘条的制造问题，如图 1-36 所示。

图 1-36　C919 钛合金结构件中央翼缘条

华中科技大学史玉升团队致力于激光快速成型领域的科技研发，成功建立了粉末材料激光快速成形技术的学术体系及集成系统，在国内外 200 多家单位得到广泛应用，取得了显著的经济与社会效益。

3．市场前景广阔

目前，国内快速成型技术的推广与应用尚在起步阶段，虽然市场规模仍相对较小，但增长迅速，无论是在工业应用还是个人消费领域都有广阔的市场前景。2017 年，德国 SLM Solutions 公司在中国获得了一笔 10 台 SLM 500 激光金属快速成型设备的订单，这是该公司迄今为止最大的单笔订单，中国快速成型市场需求之旺盛可见一斑。

根据 Wohlers 报告显示：美国设备保有量占有率仍居榜首，为 37.8%，相比 2014 年下降 0.3 个百分点；德国设备保有量占有率居其次，为 9.6%，相比 2014 年下降 0.1 个百分点；而中国(不含台湾地区)快速成型设备保有量占有率为 9.5%，仅次于美德，居全球第三，同比增长 0.3 个百分点。2016 年，中国快速成型市场规模达 9.26 亿美元，占全球比重达 13.24%，复合增长率为 43.79%。鉴于国内产业政策与财政政策的支持，初步预计 2017 年我国快速成型市场规模有望达到 11.54 亿美元，2022 年达到 22.28 亿美元左右，成为全球第一大快速成型市场。

4．快速成型企业不断涌现

随着快速成型技术的发展，近年来，国内的快速成型企业如雨后春笋般涌现，由原来的十几家迅速发展为数百家，上海联泰、先临三维、摩多数据等国内优秀快速成型企业相继建立。

上海联泰专注于工业级快速成型设备的研发与生产，并能提供快速成型技术的全套解决方案。

先临三维专业提供三维数字化技术综合解决方案，业务涵盖 3D 扫描、3D 打印、3D 材料、3D 设计与制造服务、3D 网络云平台等领域。

摩多数据是全球最大的分布式 3D 智造平台，其致力于构建由终端设备与多元参与者构成的生态系统，连接打印设备企业、设计服务企业、技术培训中心、工程技术研究中心，形成商业模式持续创新、系统结构持续调整、数据生态系统复合化程度逐渐增强的产业有机体。

5．差距和问题

虽然国内快速成型产业前景整体向好，但与国际先进水平相比仍然存在明显的差距，主要原因有以下几方面：

1) 缺少龙头企业及成熟商业模式

国内涉足快速成型的企业虽多，但大多仍处于粗放式设备生产阶段，小而散且秩序紊乱，缺少核心龙头企业，也没有建立起成熟的商业模式。相比之下，欧美国家由于行业起步较早，社会体制与国家政策也相对完善，在早期就建立起了一套较为完善的服务模式，经过多年的市场化磨砺，已诞生了不少覆盖整个产业链的核心龙头企业，为保持行业领先地位奠定了坚实的基础。

2) 缺乏核心技术

我国快速成型技术专利数量虽已居世界第二位，但总体科研水平与国外仍有较大差距，创新氛围不足、科技实力弱、科研成果转化率低等问题都影响了快速成型的技术创新步伐。目前，国内的快速成型产业链仍然基本沿袭“参照国外技术→国内高校研发→产业化”的路子，虽然自主研发的 SLS/SLA/FDM 技术有一定的国际竞争力，但材料和激光器等关键部件仍然需要进口，大部分高端设备和成型材料的生产也还是由国外垄断。

3) 材料产业相对较弱

近几年，快速成型技术得到迅速发展，应用领域也更为广泛，但在材料供给上却并不乐观。目前，国内快速成型材料产业的突出短板主要有两个：首先，快速成型材料缺少相关标准；其次，快速成型材料的生产企业较少，而少数的生产企业对于价格便宜的材料，因利润较低而不愿生产，对于较贵的材料，又因技术落后、且不愿投入资金和人力成本去研发替代性技术而无法生产。上述因素导致目前国内快速成型耗材极为短缺，特别是金属材料绝大多数依赖进口，材料的昂贵造成快速成型产品价格居高不下，严重影响了快速成型技术的产业化进程。

有鉴于此，国家应尽快制定相关标准，并加大对快速成型材料研发与产业化的资金支持力度；企业也要正确看待国内材料产业发展的不足，夯实研发基础，把握市场机遇，及时将材料研发成果转化为实用产品，实现我国快速成型材料产业的持续健康发展。

4) 设备价格昂贵且质量较差

国内大多数快速成型设备制造厂商缺乏精品意识，对产品设计及其他重要环节把控不严，往往都有把产品做成"勉强能用就可以"的心理，导致国产快速成型设备的性能普遍较差，成型件质量也不尽如人意，从而严重影响客户满意度，也阻碍了快速成型的商业化推广。

5) 缺少快速成型专业人才

快速成型产业的发展离不开专业的人才。据有关机构统计，目前我国快速成型产业的专业人才缺口超过千万，其中制造行业的需求最大，约为 800 万人，而其中又以末端制造行业的需求量为最，且这一数字仍在不断攀升当中。

然而，我国现阶段的快速成型技术教育仍处于起步阶段：高校的快速成型课程与业界的前沿技术成果有差距；快速成型技术培训与企业的应用需求有差距；很多培训从业者对快速成型的认识还处于非常浅显的初级阶段，能真正把技术与创意结合并应用到产业中的人少之又少。因此，有必要改革目前快速成型技术教育的理念、内容和形式，提高快速成型培训从业者的理论素养、专业水平与市场意识，从而培养能结合理论与实践、兼具技术与创新能力的应用型人才，为我国快速成型产业注入持久的发展动力。

本 章 小 结

- ✧ 快速成型技术(Rapid Prototyping，RP)即通常所说的 3D 打印技术，其诞生于 20 世纪 80 年代，是基于材料堆积法的一种革命性的新型制造技术。
- ✧ 快速成型技术的发展经历了三个时期：萌芽期、奠基期和爆发期。
- ✧ 快速成型技术集机械工程、CAD、逆向工程技术、分层制造技术、数控技术、材料科学、激光技术于一体，可以自动、直接、快速、精确地将设计思想转变为具有一定功能的原型或零件，从而为原型生产、零件制造、新设计思想校验等工作提供了一种高效的实现手段。
- ✧ 快速成型技术具有高效率、无人化、个性化、不限复杂程度等显著优势，但同时也存在制造成本高、材料受限、质量不稳定与知识产权风险等方面的局限。
- ✧ 快速成型技术在工业制造、文化创意、医学科研乃至建筑工程和食品加工等领域

有着广泛的应用。

✧ 国际上，快速成型技术主要有以下几大发展趋势：产业体系日趋成熟、专业/工业级设备潜力巨大、金属与生物快速成型技术成热点、新材料和新技术不断涌现、数据处理技术和设备性能不断改进、与云计算和物联网相结合。

✧ 自20世纪90年代以来，我国快速成型技术研发领域已取得相当的成就，目前已基本形成清华大学颜永年团队、北京航空航天大学王华明团队、西安交通大学卢秉恒团队、华中科技大学史玉升研究团队和西北工业大学黄卫东团队等五大骨干科研力量。

✧ 在政策的大力扶持下，国内快速成型技术的市场前景十分广阔，但同时亦存在缺乏成熟商业模式及龙头企业、技术创新相对较少、材料产业相对较弱、设备价格贵且质量差、专业人才严重短缺等瓶颈，阻碍了快速成型技术的进一步推广。

本章练习

1. 快速成型技术即通常所说的__________，其诞生于20世纪80年代，是基于__________的一种新型制造技术。
2. 与传统加工方法相比，快速成型技术的特点包括__________、__________、__________、__________和__________。
3. 快速成型过程可划分为__________和__________两个阶段。
4. 快速成型技术的应用涵盖__________、__________、__________等多个领域。
5. 简述快速成型技术的基本原理。
6. 简述快速成型技术的优势和局限性。
7. 简述国际快速成型产业的发展趋势。
8. 简述国内快速成型产业发展的瓶颈因素。

第 2 章　常用快速成型工艺方法

本章目标

- 了解常用的快速成型方法种类
- 掌握常用的各种快速成型方法的技术原理和特点
- 掌握各种快速成型方法常用的材料种类及特点
- 熟悉各种常用快速成型方法的工艺过程
- 了解各种快速成型方法的应用领域

快速成型是由三维转换成二维(离散化)，再由二维累积到三维(材料堆积)的工作过程。根据成型原理分类，目前发展较为成熟的快速成型工艺方法有立体光固化成型工艺、熔融沉积成型工艺、选择性激光烧结成型工艺、三维印刷工艺以及分层实体制造工艺等，其所用材料、优缺点和应用领域如表 2-1 所示。

表 2-1 常用快速成型工艺方法一览

成型方法	所用材料	优点	缺点	典型应用
立体光固化成型工艺(SLA)	光敏树脂	制件精度高，表面质量好； 成型速度快	需设计支撑； 设备、材料费用高； 材料种类少	航天军工； 汽车制造； 模具制造
熔融沉积成型工艺(FDM)	ABS、PLA 等	制件强度高； 设备、材料成本低	需设计支撑； 制件精度低，表面质量差； 成型时间长	概念模型制作； 功能模型制作； 零件直接制造； 小批量产品试制
选择性激光烧结成型工艺(SLS)	石蜡、高分子、金属、陶瓷等粉末材料	制件精度高、强度高； 无需支撑； 材料种类多； 可直接制作金属件	设备成本高； 成型工艺复杂	零件原型制造； 模具制造； 医用模型制造
三维印刷工艺(3DP)	陶瓷、金属、石膏、塑料等粉末材料和黏结材料	全彩成型； 无需支撑； 无需激光器，设备成本低	制件强度低	3D 摄影； 创意模型； 模具制作
分层实体制造工艺(LOM)	覆有热熔性黏结剂的片状材料，主要为纸片材	成型速度快； 无需支撑； 材料价格低； 可制作内部结构简单的大型零件	制件表面质量差； 材料种类少	产品设计评估； 装配检验； 模具制造

下面逐一介绍这五种常用的快速成型工艺方法。

2.1 立体光固化成型工艺(SLA)

立体光固化成型工艺(SLA)是 Charles W.Hull 于 1986 年获得专利的一种快速成型工艺方法，是目前世界上研究最深入、技术最成熟、应用最广泛的快速成型方法。SLA 工艺以光敏树脂为原料，通过计算机控制紫外激光器将树脂逐层凝固成型，能够方便、快捷、全自动地制造出表面质量和尺寸精度高、形状复杂的制件。

2.1.1 工作原理

SLA 也称为光造型、立体光刻或立体印刷技术，是集控制技术、激光技术、物理化学等高新技术于一体的综合性技术，其工作原理如图 2-1 所示。

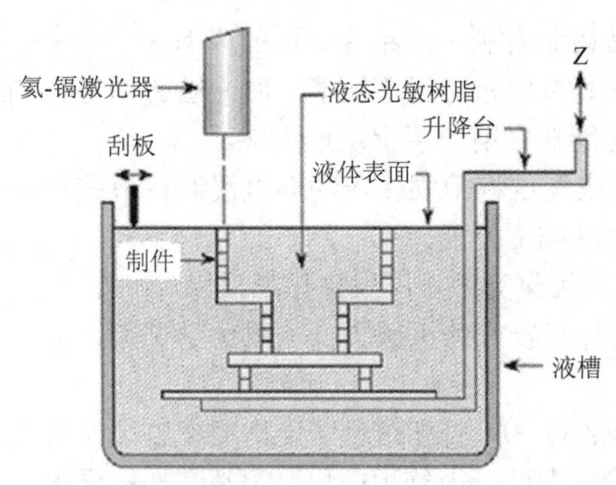

图 2-1　立体光固化成型工艺(SLA)工作原理示意图

如图 2-1 中，液槽中盛满液态光敏树脂，而氦-镉激光器或氩离子激光器发出的紫外激光束会在控制系统的控制下，根据制件的分层截面信息逐点扫描液态光敏树脂的表面，被扫描区域的树脂会发生光聚合反应而固化，形成制件的一个薄层。一层固化完毕后，工作台下移一个层厚的距离，在固化好的树脂表面敷上一层新的液态树脂，并用刮板将黏度较大的树脂液面刮平，然后进行下一层的扫描加工，新固化的一层会牢固地黏结在前一层上，如此重复，直至整个制件成型完毕。

2.1.2　使用材料

SLA 工艺使用的材料一般都是液态光敏树脂，如光敏环氧树脂、光敏环氧丙烯酸酯、光敏丙烯树脂等。

光敏树脂是在光能作用下会敏感地产生物理变化或化学反应的树脂。简单来说，这种材料能在一定波长的光源(300～400 nm)照射下引发光聚合反应，完成液态到固态的转变。

光敏树脂由光引发剂和树脂(树脂由预聚物或齐聚物、反应性稀释剂、少量助剂组成)两部分组成。光引发剂受到一定波长(300～400 nm)的紫外光辐射时，会吸收光能，引发预聚物与活性单体产生聚合固化反应；稀释剂主要是起到稀释作用，保证光敏树脂在室温下有足够的流动性。

光引发剂和稀释剂的用量对光敏树脂的固化速度和质量有着重要的影响。在一定范围内，增加光引发剂的用量可以适当加快固化速度，但若超出一定范围仍继续增加，固化速度就会降低；稀释剂用量对液面流平影响较大，加大用量可以使液体黏度降低，流平性好，但如果使用过量，各线性分子链间隔过大，导致彼此相遇发生交联的机会下降，势必会影响固化速度和质量。

作为目前快速成型技术中应用较多的一种材料，用作快速成型的光敏树脂材料需要具备以下性能特点：

(1) 光敏性好。液态树脂对紫外光的光响应速率要高，能在光照下迅速固化，并具有较小的临界曝光值和较大的固化穿透深度。

(2) 固化收缩小。固化收缩会导致零件产生变形、翘曲、开裂等，从而影响成型制件的精度，收缩性低的光敏树脂有利于高精度制件的成型。

(3) 黏度低。由于使用的是分层制造技术，而光敏树脂进行的是分层固化，因此液态树脂黏度必须较低，以便能够在前一层上迅速流平。

(4) 溶胀小。由于在成型过程中固化产物一直浸润在液态树脂中，如果固化产物易发生溶胀，将会导致制件出现明显形变。

(5) 固化前性能稳定，可见光照下不发生化学反应。

(6) 最终的固化产物具有较好的机械强度，耐化学试剂，易于洗涤和干燥，并具有良好的热稳定性。

(7) 毒性小。由于未来的 3D 打印过程可能需要在办公室等人员密集的环境中完成，因此对材料单体及预聚物的毒性、大气污染程度等都有严格要求。

随着快速成型技术的进步，SLA 工艺必将得到越来越广泛的应用，为满足不同的应用需求，可以预见对光敏树脂材料的要求也会随之提高。

2.1.3 技术特点

在目前主流的快速成型工艺方法中，SLA 工艺由于其自身的特点，自问世以来就在快速成型领域发挥了巨大作用，并日益成为关注的焦点。

1. 技术优势

总体来看，SLA 工艺具有以下优点：

(1) 成型过程自动化程度高。SLA 系统非常稳定，成型加工的整个过程都是全自动运行，无需专人看管，直至原型零件制作完成。

(2) 成型速度快，效率高。

(3) 成型精度高。SLA 工艺能够制作非常精密的结构(包括多种薄壁结构)，细节表现力优异，能达到 0.025 mm 级别的精细度。

(4) 成型表面质量优良。虽然 SLA 工艺在固化时制件侧面及曲面有可能出现台阶，但整体仍能呈现玻璃状的效果。

(5) 成型材料利用率高，能耗少。成型使用的光敏树脂是以液态形式存在于树脂槽中的，成型加工结束后，多余的光敏树脂材料可以继续使用，且光聚合反应是基于光的作用而不是基于热的作用，故在工作时只需要较低能量的激光源。

(6) 无噪音，无振动。

2. 技术局限

虽然 SLA 工艺成熟度相对较高，但目前仍然存在以下几方面的缺点：

(1) 制件易变形，尺寸稳定性差。随着时间的推移，树脂会吸收空气中的水分，导致软薄部分的翘曲变形，进而极大地影响制件的整体尺寸精度，另外，树脂收缩也会导致精度下降。

(2) 需要设计支撑结构，才能确保成型过程中制作的每一个结构部位都能可靠定位。

(3) 强度不高。液态树脂固化后的性能并不如常用的工程塑料，一般较脆且易断裂，不适宜机械加工。

(4) 材料、设备运转和维护的成本都比较高。不仅液态树脂材料的价格较高，固化使

用的氦-镉激光管价格亦十分昂贵，寿命却仅有 3000 小时，且由于需要同时对整个截面进行扫描固化，成型时间长，因此 SLA 工艺的制作成本是相对较高的。

(5) 可使用的材料较少。目前可用的材料主要是感光性的液态树脂材料。

(6) 工作环境要求高。使用的液态树脂材料具有刺激气味和轻微毒性，且需要避光保护以防止提前发生聚合反应。

(7) 制件需要进行后处理，如二次固化或防潮处理等。需要二次固化是因为光固化后的树脂很容易出现并未完全被激光固化的情形。

2.1.4　工艺过程

SLA 的工艺过程一般可分为前处理、原型制作和后处理三个阶段，各阶段的具体流程如图 2-2 所示。

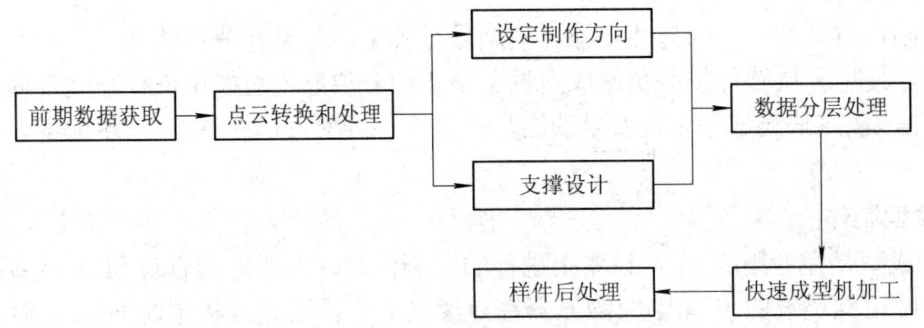

图 2-2　SLA 工艺流程图

1. 前处理

前处理阶段主要包括数据获取、数据转换、设定制作方向、施加支撑以及模型分层等工作，实际上就是为原型的制作准备数据。

1) 数据获取

前期数据获取的方法有两种：正向设计或逆向工程。正向设计即用软件直接构建三维模型，可以在 UG、Pro/E、CATIA 等大型 CAD 软件以及许多小型 CAD 软件上实现；逆向工程则是通过对已有的产品数据进行采集和再设计来获得三维模型数据。

2) 数据转换

数据转换是对制件的 CAD 模型进行近似处理，生成主要为 STL 格式的分层数据文件。将模型转换为 STL 数据文件的实质是用若干个小三角形面片来近似表示模型的外表面，在这个过程中，需要注意控制 STL 文件生成时的精度。目前，主流的 CAD 三维设计软件都可以输出 STL 数据文件。

3) 设定制作方向

原型的制作方向不仅会影响制作时间和效率，还会影响后续支撑的施加以及原型表面的质量，因此，设定原型的制作方向是一个十分重要的环节，需要综合考虑各种因素。一般而言，出于缩短时间和提高效率的目的，应选择原型尺寸最小的方向作为叠层方向。但有时为了提高原型制作质量，或者提高关键部分的尺寸或形状精度，就需要将原型尺寸最大的方向作为叠层方向，而为了减少支撑量以节省材料或方便后处理，有时也会采用倾斜

方向摆放。

4) 施加支撑

确定制作方向后，便可以对原型施加支撑了。施加支撑是 SLA 工艺前处理的重要环节，其好坏直接影响着原型制作的成败及质量，而对于结构复杂的模型，支撑的施加更是费时而精细。支撑施加可以手动进行，也可以使用软件自动实现，即使是后者，一般也都要经过人工仔细检查，进行必要的修改和删减。

支撑在快速成型过程中是与原型同时制作的，它除能确保原型的每一部分都能被可靠地固定住以外，还有助于减少原型在制作过程中发生的翘曲变形，在原型成型完毕后，支撑结构还能帮助用户将原型无损地从工作台上取下。为便于去除支撑并获得优良的表面质量，目前比较常用的支撑类型为点支撑，即支撑和需要支撑的模型面之间是点接触。快速成型过程完成后，小心地除去支撑结构，就能得到最终所需的原型。

5) 模型分层

设定制作方向与后续的施加支撑、模型分层等工序都是在分层软件上进行的。支撑施加完毕后，使用分层软件按照快速成型设备要求的分层厚度对模型进行高度方向上的切片(分层)，生成满足快速成型系统要求的层片数据文件，就可以提供给 SLA 成型设备进行制作了。

2. 原型制作

SLA 成型是在专用的 SLA 设备上进行的。制作前，需要提前启动 SLA 设备，使树脂材料的温度达到预设的合理温度(激光器在点燃之后也需要一段稳定时间)，同时还要注意调整工作台网板的零位与树脂液面的位置关系，确保支撑与工作台网板之间的连接稳固。待一切准备就绪，就可以启动设备控制软件，读入前处理过程生成的分层数据文件，开始叠层制作，整个叠层的光固化过程都在设备软件的控制下自动完成，当所有叠层都制作完毕后，系统就会自动停止。

3. 后处理

原型叠层制作结束后，需要进行一系列的后处理工作，如去除废料、剥离支撑结构、进行后固化处理等。后处理的方法有多种，这里仅举出最常用的方法作为参考。

1) 取出原型

将薄片状铲刀插入原型和升降台板之间，取出原型。如果原型较软，可以将原型连同升降台一起取出进行后固化处理。

2) 清洗原型，去除残留树脂

由于残留的未固化树脂会在后固化和原型保存的过程中发生固化收缩，引起原型变形，因此，完全清除原型中的残留树脂十分重要。可将原型浸入溶剂或超声波清洗槽中，清洗掉表面的液态树脂，如果使用的是水溶性溶剂，还要再用清水洗掉表面的溶剂，并用压缩空气将水吹掉。未固化的树脂也有可能封闭在原型结构内，这就需要在设计模型时预留一些排液小孔，或者在成型后用钻头在适当位置钻几个小孔，将液态树脂排出。

3) 去除支撑并修整原型

用剪刀和镊子将原型的支撑去除，然后用锉刀和砂纸对原型表面进行光整。对于比较脆的材料，注意应在后固化处理前将支撑去除，以防止损伤制件。

4) 后固化处理

SLA 成型的原型硬度不能满足要求时，就需要进行二次固化，也就是后固化处理。可以使用紫外灯照射和加热的方法对原型进行后固化处理，处理时最好使用长波光源，因为长波光源能透射到原型内部，同时建议用照度较弱的光源进行辐照，以避免由于急剧反应而导致原型内部温度升高，引起材料软化或是固化过程中的内应力增大，使原型发生变形，甚至出现裂纹。

5) 打磨原型

SLA 工艺的原理势必会造成原型表面出现 0.05～0.1 mm 的“层间台阶”现象，影响原型的外观和质量。为了获得光滑的表面，可使用砂纸打磨以去除原型表面的台阶感。砂纸的选用应由粗到细，先用 100 号的粗砂纸打磨，然后逐步换用细砂纸，直到 600 号砂纸为止，最后用抛光机打磨就可以得到光亮的表面(注意每次更换砂纸之前，都要用水将原型洗净并风干)。如果在打磨过程中出现细小凹坑，可用工业无纺布浸润光固化树脂后涂抹表面，将其填平，然后再用紫外灯照射固化，即可获得表面光滑的原型件。

2.1.5　应用领域

在当前应用较多的几种快速成型工艺中，SLA 工艺由于具有成型过程自动化程度高、原型表面质量好、尺寸精度高以及成型效果较为精细等特点，在航天军工、汽车制造、家电制造等行业的概念设计交流、产品模型制造、快速模具制造等方面得到了广泛应用。

1. 航天军工领域

在航空航天领域，可以使用 SLA 工艺制造航空航天零件原型，该原型可直接用于风洞试验，也可用于进行装配干涉的检查和可制造性的评估，以确定最佳的制造工艺。

使用 SLA 工艺也可以方便地制作多种导弹弹体外壳(如图 2-3 所示)，这些外壳装上传感器后便可直接进行风洞试验，而不需要制造复杂的曲面模具，这使得研发人员可以更快筛选出最优的设计方案，大大缩短了验证周期和开发成本。使用 SLA 工艺也可以制作导弹全尺寸模型，进行表面喷涂后即可清晰展现导弹的外观、结构和战斗原理，其展示和讲解效果远远超过了单纯的电脑图纸模拟，在未正式量产之前就能对导弹的可制造性和可装配性进行检验，如图 2-4 所示。

图 2-3　使用 SLA 工艺制造的装有传感器的弹体外壳

图 2-4　雷神公司的战术导弹全尺寸 SLA 模型

2. 汽车制造领域

除在航天军工领域日益扮演重要角色之外，SLA 工艺在民用工业的应用也越来越广泛，如在汽车制造领域的应用。

现代汽车生产的特点是产品的多型号与短周期，为了满足日新月异的市场需求，需要不断对内部结构和外观设计进行改进。虽然借助日趋完善的计算机模拟技术，开发人员能够完成绝大多数零件的动力、强度、刚度的模拟实验分析，但研发过程中仍然需要制造实物模型，用来验证其外观效果、可安装性和可拆卸性。因此，对于形状或结构十分复杂的零件，如图 2-5 所示的仪表盘盖，就可以使用 SLA 工艺快速制造零件原型，以验证设计人员的设计思想，并进行功能性和装配性检验。

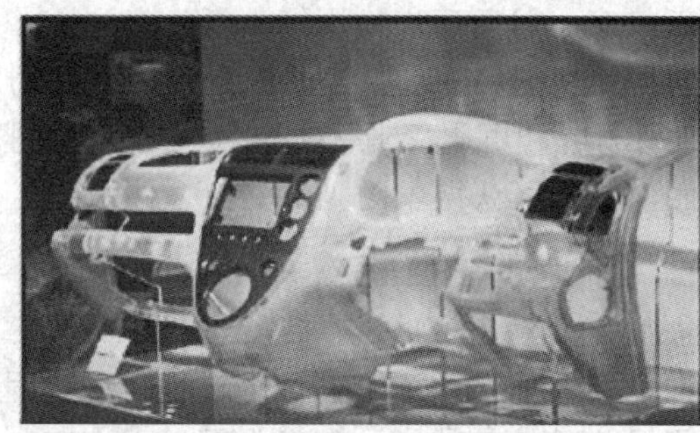
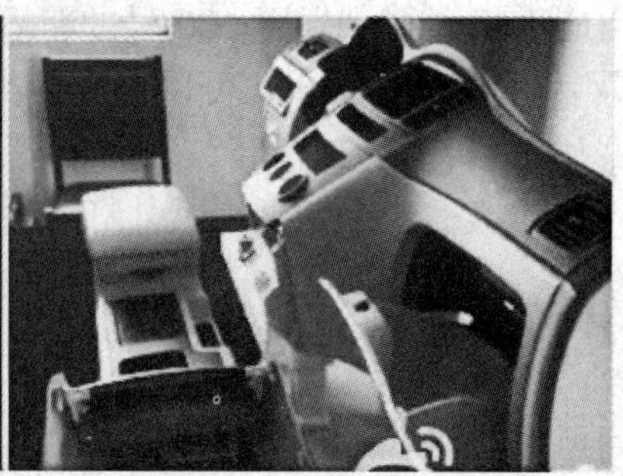

图 2-5　使用 SLA 工艺制造的仪表盘盖模型

SLA 工艺还可用于汽车发动机的流动分析。该分析一般用来确定复杂零件内液体或气体的流动模式：将零件的透明模型安装在一个简单的试验台上，让零件内部循环着液体，并在液体内加入一些细小粒子或细气泡，以显示液体在流道内的流动情况。流动分析技术已成功应用于发动机冷却系统(气缸盖、机体水箱等)、进排气管等的研究。但关键部件透明模型的制造一直是个难题，如果使用传统方法，时间长、花费大又不精确，而使用 SLA 工艺根据 CAD 模型来制造，则仅仅需要 4～5 周的时间，且花费只为之前的 1/3，制作出的透明原型完全符合机体水箱和气缸盖的设计参数要求，表面质量同样也能满足标准，如图 2-6 所示。

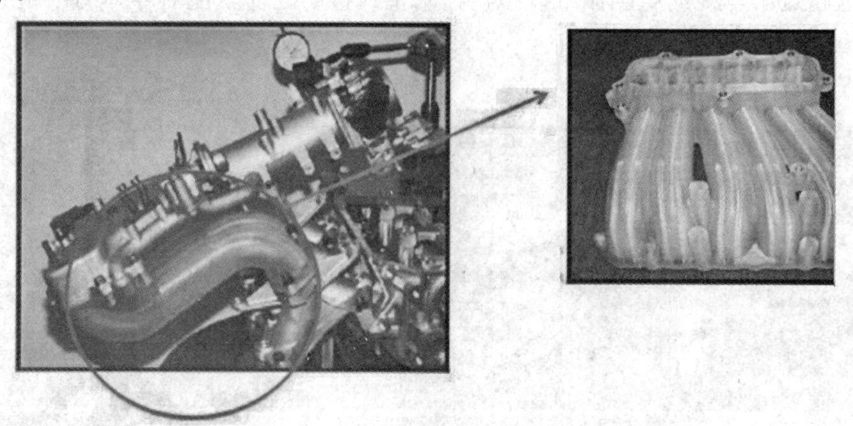

图 2-6　使用 SLA 工艺制造的实验用发动机管道模型

除上述用途以外，SLA 工艺在汽车行业还可与逆向工程技术、快速模具制造技术相结

合，用于汽车车身设计、前后保险杆总成试制、内饰门板等结构样件/功能样件试制、赛车零件制作等等。

3. 模具制造领域

在传统的铸造生产中，模板、芯盒、压蜡型、压铸模等的制造往往采用机加工方法完成，有时还需要钳工进行二次修整，即费时又耗资，而且精度不高。尤其对于一些形状复杂的铸件(如飞机发动机的叶片、船用螺旋桨、汽车和拖拉机的缸体或缸盖等)而言，模具的制造更是一个巨大的难题。虽然部分大型企业的铸造厂也备有一些数控机床、仿型铣等高级设备，但这些加工设备价格昂贵，加工的周期也很长，而且由于缺乏好的软件系统支持，机床的编程往往很困难，难以实现理想的制造效果。

快速成型技术的出现，为铸模生产提供了一种速度更快、精度更高的选择。使用 SLA 快速成型工艺，可以直接或间接地制造各种铸造用的铸型、型芯或型壳，消失模、蜡样和模板等，然后结合传统的铸造工艺，就能快捷地铸造金属零件。图 2-7(a)就是利用 SLA 工艺成型的树脂原型，在该树脂原型的外周均匀的涂浆料、撒沙，形成多层外壳，再焙烧除去树脂原型形成铸造型壳，浇注金属从而翻制出铸件，如图 2-7(b)所示。

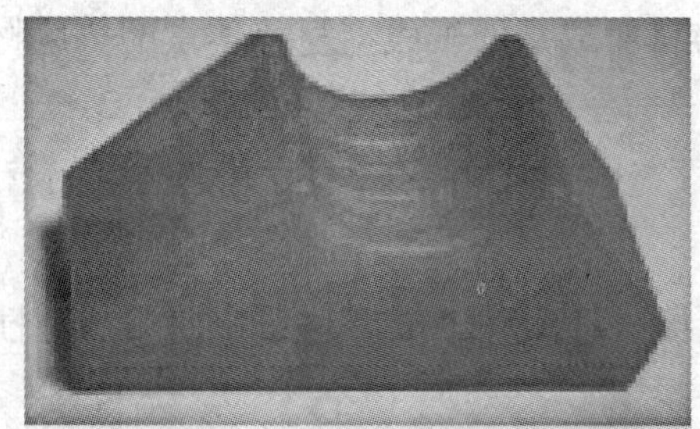

(a) SLA 成型的树脂原型

(b) 精铸件

图 2-7　使用 SLA 工艺制造的树脂原型及精铸件

2.2　熔融沉积成型工艺(FDM)

熔融沉积成型工艺(FDM)由美国学者 Scott Crump 于 1989 年取得专利。1992 年，其创立的 Stratasys 公司推出了第一款基于 FDM 工艺的 3D 打印机，标志着 FDM 工艺进入商用阶段。今天，FDM 已经成为应用最为广泛的快速成型工艺之一。

2.2.1　工作原理

FDM 工艺的工作原理如下：成型材料——实心丝材缠绕在丝材盘上，电机驱动供料辊旋转，依靠供料辊和丝材之间的摩擦力将丝材不断地向喷头送进，在供料辊与喷头之间有一个导向套，用低摩擦材料制成，以便使丝材能顺利、准确地由供料辊送到喷头的内腔，喷头的前端装有电阻丝式加热器，丝材在其作用下被加热熔融，然后经喷嘴挤喷出来，只要热熔性材料的温度始终稍高于固化温度，而成型部分的温度稍低于固化温度，挤出喷嘴的材料就会和前一层面熔结在一起，当一个层面沉积完成后，工作台会按照预定的增量下降一个层的厚度，喷头再继续新一层面的熔喷沉积，直至完成整个实体造型，如图

2-8 所示。

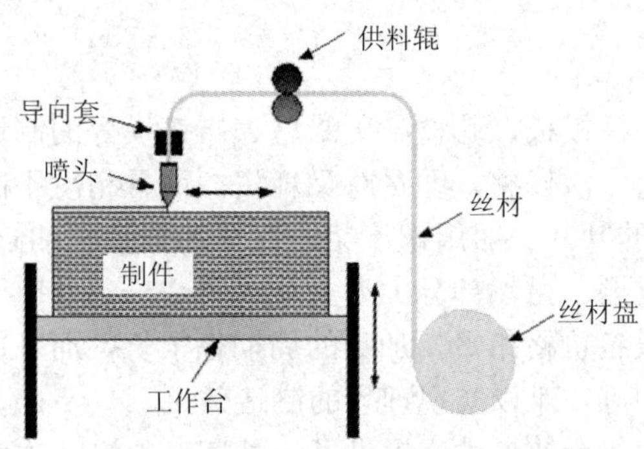

图 2-8　熔融沉积成型法(FDM)工作原理示意图

使用 FDM 工艺成型时需要同时制作支撑，为了节省材料成本，提高沉积效率，部分新型 FDM 设备采用了双喷头设计：一个喷头用于沉积支撑材料，一个喷头用于沉积成型材料。双喷头设计除了可以保证较高的沉积效率和较低的模型制作成本以外，还允许用户灵活地选择具有特殊性能的支撑材料，如水溶材料或是低于成型材料熔点的热熔材料等，以便在后处理过程中能方便地去除。

2.2.2　使用材料

FDM 工艺使用的材料包括成型材料和支撑材料两种。成型材料主要为热塑性材料，如 ABS、PLA 等；支撑材料主要为聚合物材料。

1．成型材料

FDM 工艺对所用成型材料的黏度、熔融温度、黏结性、收缩率等方面均有较高的要求，具体如表 2-2 所示。

表 2-2　FDM 工艺对成型材料的要求

性能	具体要求	原　因
黏度	低	材料的黏度低，流动性好，阻力就小，有助于材料顺利挤出；黏度高的材料的流动性差，需要很大的送丝压力才能挤出，会增加喷头的启停响应时间，影响成型的精度
熔融温度	低	材料熔融温度低，在较低温度下也能挤出，有利于提高喷头和整个机械系统的寿命，减少材料在挤出前后的温差，减少热应力，从而提高原型的精度
黏结性	高	FDM 是基于分层制造的一种工艺，故层与层之间往往是制件强度最为薄弱的地方，材料黏结性的好坏决定了制件成型以后的强度，如果黏结性过低，在成型过程中可能会因热应力导致各层之间出现开裂
收缩性	小	由于喷头内部需要保持一定的压力才能将材料顺利挤出，因此挤出后的材料丝通常会发生一定程度的膨胀，如果材料的收缩率对压力较为敏感，就会造成喷嘴挤出的材料丝直径与喷嘴的直径相差太大，影响成型精度，导致制件产生翘曲、开裂

综上所述，FDM 工艺对成型材料的基本要求有四点：熔融温度低、黏度低、黏结性好、收缩率小。基于上述要求，目前市面上主要的 FDM 成型材料有两种：工程塑料 PLA(聚乳酸)和 ABS(丙烯腈—丁二烯—苯乙烯)。

1) PLA

PLA 是多数 3D 打印爱好者最喜欢使用的材料，也是当前桌面式 3D 打印机使用最为广泛的一种材料。它是一种可生物降解的热塑性材料，来源于可再生资源，如玉米、甜菜、木薯和甘蔗等。因此，基于 PLA 的快速成型材料比其他塑料材料更加环保，甚至被称为“绿色塑料”。

PLA 的另一个优点是成型过程中不会产生难闻的气味，适合在家中或者教室内使用。PLA 的冷却收缩也不像 ABS 那么强烈，因此即使打印机不配备加热平台，也能成功完成打印。

2) ABS

ABS 是受欢迎程度仅次于 PLA 的 FDM 成型材料，它具有优良的综合性能，其强度、柔韧性、机加工性能均十分优异，是制作工程机械零部件时优先选用的材料。

相较于 PLA，ABS 材料价格便宜，但也有一些缺点：① ABS 的熔点高于 PLA，通常在 230℃～250℃之间；② 使用 ABS 成型时必须对平台进行预热，以防第一层成型完毕后冷却太快，导致制件出现翘曲和收缩；③ ABS 在成型过程中的有毒物质释放量远远高于 PLA，因此使用 ABS 打印时，打印机需要放置在通风良好的区域，或者采用封闭式机箱并配置空气净化装置。

2．支撑材料

目前，应用于 FDM 工艺的支撑材料有可剥离性支撑材料和水溶性支撑材料两种。可剥离性支撑材料是在 3D 打印过程中对成型材料起支撑作用，而在打印完成后必须进行剥离；水溶性支撑材料是一种亲水性的高分子材料，主要有聚乙烯醇(PVAL)和丙烯酸(AA)类共聚物两大类，它们能在水中溶解或溶胀，从而形成溶液或分散液，方便剥离。

针对 FDM 的工艺特点，对支撑材料的具体要求如表 2-3 所示。

表 2-3　FDM 工艺对支撑材料的要求

性能	具体要求	原　因
耐温性	耐高温	由于支撑材料要与成型材料在支撑面上接触，所以支撑材料必须能够承受成型材料的高温，在此温度下不分解或融化
与成型材料的亲和性	与成型材料不浸润	支撑是成型中的辅助手段，成型完毕后必须去除，所以支撑材料与成型材料不应具备太强的亲和性，尤其不能出现相互浸润的情况
溶解性	具有水溶性或者酸溶性	对于有复杂内腔、孔隙的模型，可将其浸入某种液体来溶解内部的支撑材料，但由于目前 FDM 工艺使用的成型材料一般为 ABS 工程塑料，该材料溶于有机溶剂，因此不能使用溶于有机溶剂的支撑材料，而是应当选用水溶性的支撑材料
熔融温度	低	具有较低的熔融温度使支撑材料能在较低的温度下挤出，延长喷头的使用寿命
流动性	高	由于支撑的成型精度要求不高，为提高成型设备的扫描速度，支撑材料应当具备很好的流动性，相对而言黏性则可以略差一些

综上所述，FDM 工艺对支撑材料的基本要求如下：耐高温、与成型材料不浸润、具有水溶性或者酸溶性、具有较低的熔融温度、具有较好的流动性。

2.2.3 技术特点

FDM 工艺是目前常用的快速成型工艺之一，该工艺既有其独特的优势，也存在一定的局限性。

1. 技术优势

FDM 工艺作为非激光快速成型技术，具有以下优点：

(1) 成型设备简单，成本低廉。FDM 以电加热的方式将材料加热到熔融状态来实现成型，不需要高成本的激光器，因而简化了设备，使成本大大降低。

(2) 成型过程对环境无污染。FDM 所用的成型材料一般为无毒、无味的热塑性材料，对环境不会造成污染，设备运行时的噪音也很小，适合日常办公环境使用。

(3) 成型过程无化学变化，制件的翘曲变形小。

(4) 原材料利用率高。未使用或在使用过程中废弃的成型材料和支撑材料可以回收，进行加工再利用，有效提高原材料的利用效率。

(5) 原材料费用低，且以卷轴丝的形式提供，易于搬运和快速更换。

(6) 可直接制作彩色原型。

(7) 制件强度较高，可用于条件相对苛刻的功能性测试。

2. 技术局限

虽然 FDM 是快速成型工艺中发展最为迅速的一种，但仍存在以下有待克服的缺点：

(1) 成型时间较长。FDM 设备的喷头运动是机械运动，速度受到一定限制，因此成型时间一般较长，不适合制造大型部件。

(2) 制件精度低，表面有较明显的条纹，不如 SLA 制件光滑。

(3) 沿成型轴垂直方向的强度较弱，需要设计并制作支撑结构，并在打印完成后进行剥离，但对于一些复杂的制件来说，剥离支撑结构会存在一定困难。

2.2.4 工艺过程

FDM 工艺过程分为前处理、成型制作及后处理三个阶段。其中，前处理和成型阶段的工作与其他成型工艺基本相同，在此主要阐述一下 FDM 的后处理工艺。FDM 的后处理主要包括以下两个方面。

1. 剥离制件的支撑部分

常用的剥离方法有手工剥离、加热剥离和化学剥离等：

(1) 手工剥离法是用手和一些简单的工具使废料、支撑材料与成型制件分离。

(2) 加热剥离是指当支撑结构为低熔点材料而成型材料为高熔点材料时，可以用热水或适当温度的热蒸汽使支撑材料熔化并与成型制件分离。

(3) 化学剥离是指当某种化学溶液能溶解支撑材料而又不会损伤成型制件时，可以用此种化学溶液使支撑材料与工件分离。

总体来说，手工剥离操作简单，但效率低且容易造成制件表面损伤，加热剥离和化学剥离效率高，制件表面较清洁，而且有利于保护制件的细微结构。

2．对部分制件表面进行处理

对部分制件表面进行处理，如打磨、抛光、涂装，以使制件的精度、表面粗糙度等达到要求：

(1) 打磨的目的是去除制件上的各种毛刺、加工纹路，并且在必要时对成型时遗漏或无法加工的细微结构进行修补。常用的工具有锉刀和砂纸，一般手工完成。若处理大型制件，可能需要砂轮机、打磨机和喷砂机等设备，这样可以节省大量时间。普通塑料件外观面最低需要 800 目水砂纸打磨 2 次以上才能喷油，使用砂纸目数越高，表面打磨越光滑细腻。

(2) 抛光的目的是在打磨工序后进一步加工，使制件表面光亮平整，产生近似镜面或光泽的效果。对于快速成型的制件，常用的抛光方法是机械抛光，如使用抛光机来进行抛光。通常情况下，需要电镀的制件表面、透明件的表面和有镜面或光泽效果要求的表面才需要抛光工序。

(3) 涂装是指将涂料涂覆于制件表面，形成具有防护、装饰或特定功能涂层的过程。例如，对快速成型制件的喷油漆处理，前后对比如图 2-9 所示。

(a) FDM 工艺成型的制件

(b) 喷油漆处理后的制件

图 2-9　喷油漆处理前后对比

2.2.5　应用领域

目前，FDM 工艺已被广泛应用于汽车、机械、航空航天、家电、建筑、医学等产品的研发过程，作用贯穿设计外观评估、方案选择、装配检查、功能测试、用户看样订货、塑料件开模前校验设计以及少量样品制造等各个环节。

1. 概念模型制作

FDM 工艺可以快速将设计思想转化为精确的概念原型，作为有效的产品宣传和推广手段，被广泛应用于建筑设计、人体工程学设计、市场营销与设计等领域。

1) 建筑设计

虽然计算机模拟被应用于建筑设计领域已有很长时间，但将设计方案可视化的通常做法依然非常传统：即按照一定的比例，用木材或泡沫板制作出实体模型。而使用 FDM 工艺为代表的快速成型技术，能够在极短时间内就制造出如图 2-10 所示的精确实体模型，显著降低设计成本，缩短设计周期，同时还可以借助该模型对建筑的设计进行改良，增加设计方案的合理性和安全性。

图 2-10　使用 FDM 工艺制作的建筑模型

2) 人体工程学设计

正确的人体工程学设计对提高工作效率、预防受伤必不可少。而借助 FDM 快速成型工艺，产品开发人员可以制作出逼真的产品模型，再现产品每个单独部件的物理特性，用来对产品的人体工程学性能进行精确测试，并依据测试结果对产品设计进行反复修改，从而能够在产品全面投入生产前，就对其人体工程学方面的设计进行全面优化，开发出兼具创新性和实用性的全新产品，如图 2-11 所示。

图 2-11　使用 FDM 工艺制作的人体工程学键盘

3) 产品营销推广

使用 FDM 工艺制作的模型可以打磨、上漆，甚至镀铬，达到与新产品外观完全一致的效果，使用户可以提前体验与最终产品完全相同的使用感受，达成良好的推广效果。

2. 功能测试原型制作

在产品设计初期，可使用 FDM 工艺快速制造产品原型，这些原型具有耐高温、耐化学腐蚀等优良性能，能够进行各种功能性测试，帮助开发者改进产品的最终设计，大大缩短产品从设计到投产的时间。

3. 小批量产品试制加工

FDM 工艺可以使用高性能的生产级别材料，在很短时间内就能制造出标准模具并进行小批量生产，克服了传统制造方式必须等待最终模具制作完毕才能加工的弊端，可以在设计完成的第一时间就将新产品上市。

4. 零部件快速制造

FDM 工艺可以制造耐用、稳定且可重复使用的零部件。例如，美国知名电影拍摄及

放映设备制造商 Bell & Howell 公司的工程师发现，使用 FDM 工艺制造的扫描仪零件的质量完全满足其工作需要，于是，该公司借助 FDM 工艺迈入了快速零部件制造的领域，他们使用 FDM 系统生产每批 50 个的扫描仪零件，并将其直接安装在最终的产品上。

2.3　选择性激光烧结成型工艺(SLS)

选择性激光烧结成型工艺(SLS)由美国学者 Carl Deckard 于 1986 年发明，该工艺的首台商业化生产设备由他创立的 DTM 公司于 1992 年推出。SLS 工艺以激光束烧结粉末材料的方式制造原型，在工业领域得到了日益广泛的应用。

2.3.1　工作原理

SLS 工艺的工作原理如图 2-12 所示：首先，使用铺粉辊将一层粉末材料均匀密实地平铺在已成形制件的上表面，并加热至恰好低于该粉末烧结点的某一温度；然后，控制系统控制激光束沿该层的截面轮廓扫描粉末层，使扫描到的粉末温度升至熔点，进行烧结并与下面已烧结的部分黏接；当一层的截面烧结完成后，工作台下降一个层的厚度，铺粉辊重新在上面铺一层粉末材料，进行新一层截面的烧结，如此反复，直至完成整个制件。在 SLS 的成型过程中，未经烧结的粉末对模型的空腔与悬臂部分能够起到支撑作用，因此不必像 SLA 工艺和 FDM 工艺那样额外添加支撑结构。

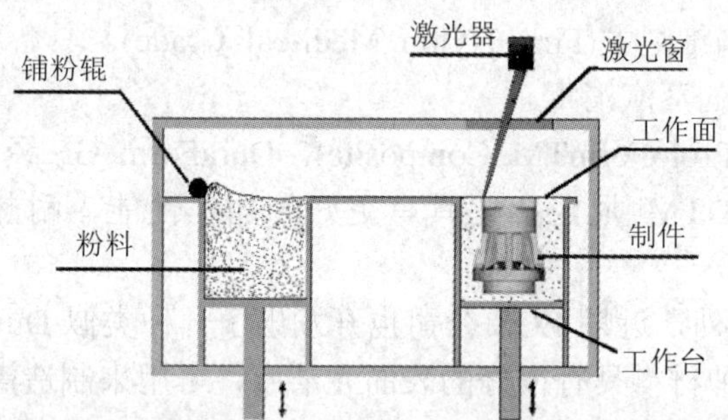

图 2-12　选择性激光烧结成型工艺(SLS)工作原理示意图

当制件的实体部分烧结完成并充分冷却后，工作台会上升到初始的位置，将烧结的粉末块托举出来，将其拿出并放置到后处理工作台上，用刷子小心刷去表面粉末，即可获得加工完成的制件，制件上残留的粉末可使用压缩空气除去。

2.3.2　使用材料

SLS 工艺以粉末作为成型材料，理论上讲，任何被激光加热后能在粉粒间形成原子间连接的粉末都可用作 SLS 工艺的成型材料。目前，已成功应用于 SLS 成型的粉末材料有石蜡、高分子、金属、陶瓷粉末以及它们的复合粉末材料等，其中，常用的材料有以下几种。

1. 工程塑料(ABS)

ABS 与聚苯乙烯(PS)同属热塑性材料，两者的烧结成型性能相近，虽然 ABS 的烧结温度要高 20℃左右，但制件的强度较高，因此被广泛应用于原型及功能件的快速制造。

2．聚碳酸酯(PC)

在 SLS 工艺发展初期，PC 粉末就已被用作 SLS 工艺的成型材料，主要用于制造航空、医疗、汽车工业的金属零件加工用消失模以及各行业通用的塑料模。由于 PC 材料本身具有良好的抗冲击性和尺寸稳定性，其制造的制件强度高、表面质量好且脱模容易，因此在熔模铸造领域曾一度辉煌。

3．聚苯乙烯(PS)

与 PC 相比，PS 的烧结温度低，烧结变形小，成型性能优良，更加适合熔模铸造工艺使用，而且价格也比 PC 要低，因此，目前 PS 粉末已开始逐渐取代 PC 粉末在熔模铸造领域的地位。

4．尼龙(PA)

尼龙材料是 SLS 工艺制作功能制件的重要材料之一，目前，已经有 4 种成分的尼龙材料实现了商业化应用：

(1) 标准的 DTM 尼龙(Standard Nylon)。可用于制作具备良好耐热性能和耐腐蚀性能的模型。

(2) DTM 精细尼龙(DuraForm GF)。使用玻璃微珠做填料的尼龙粉末，不仅具有与 DTM 尼龙相同的性能，还能够提高制件的尺寸精度，并降低制件表面的粗糙程度。DuraForm GF 可以表现细微的特征，非常适合制造概念模型和测试模型。

(3) DTM 医用级精细尼龙(Fine Nylon Medi-cal Grade)。具备优秀的耐高温、高压性能，可以承受 5 个循环的蒸汽消毒。

(4) 原型复合材料(ProtoFormTM Composite)。DuraForm GF 经由玻璃强化的一种改性材料，与未被强化的 DTM 尼龙相比具有更好的加工性能，耐热性和耐腐蚀性也有所提高。

除上述 4 种材料以外，近期 EOS 公司也开发出了一种类似 DuraForm GF 的新尼龙粉末材料 PA3200GF，这种材料具有很好的表面光洁度，可用来制造高精度要求的制件。

5. 金属粉末

使用金属粉末材料进行快速成型符合 SLS 工艺由原型制造向快速直接制造的转型趋势，可以进一步加快新产品的开发速度，具有广阔的应用前景。目前，SLS 工艺常用的金属粉末材料有以下 3 种：

(1) 金属粉末和有机黏结剂的混合体。通常做法是按一定比例将两种粉末混合均匀，然后用激光束对混合粉末进行选择性烧结。

(2) 两种金属粉末的混合体，其中一种熔点较低，起黏结剂的作用。例如，由美国德克萨斯大学奥斯汀分校的 Agarwda 等人研制的 Cu-Sn、Ni-Sn 青铜镍粉复合粉末材料；比利时的 Schueren 等人研制的 Fe-Sn、Fe-Cu 复合粉末材料。对这些材料的 SLS 烧结实验均取得了令人满意的结果。

(3) 单一的金属粉末，主要用于低熔点金属粉末的烧结。对于高熔点的单一金属粉末，需要在保护气体作用下采用大功率的激光器使粉末在短时间内达到熔融温度，而这种方法成型的制件会出现明显的球化和集聚现象，不仅使制件烧结变形、精度变差，还会造

成组织结构多孔而导致制件密度低、力学性能差。但近年来，德克萨斯大学奥斯汀分校针对单一金属粉末的激光烧结成型过程进行了专门研究，成功制造出了 FI 战斗机和 AIM 9 导弹使用的由 INCONEL 625 超合金与 Ti6A 14 合金制造的金属零件；而美国航空材料公司的脉冲 Nd:YAG 激光器也已研制成功，将被用于先进钛合金构件的激光快速成型。

除上述材料以外，还有一些其他高分子粉末，如聚乙烯(PE)、聚丙烯(PP)等都可用于激光烧结成型，但这些材料在成型性能方面并无特别突出的优点，因此研究与应用都较少。

2.3.3　技术特点

SLS 工艺已经成为当前发展最快、最为成功且已经商业化的快速成型方法之一。该技术具有成型材料选择面大、适用性广等诸多优点，但同时也有其局限性。

1. 技术优势

与其他的快速成型方法相比，SLS 工艺具有以下突出优点：

(1) 精度高，强度好。

(2) 可以直接制作金属制品。

(3) 无需支撑结构。SLS 工艺与其他快速成型工艺不同，它不需要预先制作支架，因为未烧结的松散粉末会形成自然支架，所以该工艺可以制造几乎任意形状的制件，对于内部结构复杂的制件尤为适用。

(4) 材料利用率高。未烧结的粉末材料可以重复使用，基本没有浪费。

(5) 可使用多种成型材料。任何受热后会黏结的粉末材料都有被用作 SLS 原材料的可能，如金属粉末、陶瓷粉末、塑料粉末等。

(6) 应用广泛。成型材料的多样化，使 SLS 工艺可以应用于多种领域，如原型设计验证、模具母模制造、精铸熔模制造、型壳和型芯铸造等。

2. 技术局限

由于 SLS 工艺具备上述优点，因此在各行各业得到了越来越广泛的应用，但 SLS 工艺自身也存在许多局限性，主要表现在以下几方面：

(1) 设备成本及维护费用高昂。SLS 工艺需要使用大功率的激光器，价格高昂。

(2) 需要不断向成型室内充入氮气等保护气体，以确保烧结过程的安全性，因而加工成本较高。

(3) 受粉末颗粒以及激光光斑影响，容易出现制件内部疏松多孔、表面粗糙等问题，因此需要进行后处理，且后处理工艺复杂。

(4) 成型过程消耗能量大，时间长。加工之前需提前将粉末加热到熔点以下，制件成型完毕后，也要进行几个小时的冷却才能将制件从粉末缸中取出。

2.3.4　工艺过程

SLS 工艺所用的材料一般为塑料、金属、陶瓷粉末以及它们的复合粉末，使用的材料不同，具体的烧结工艺过程也会有所不同。

1. 使用塑料粉末的 SLS 工艺过程

尼龙、聚苯乙烯、聚碳酸酯等都可用作 SLS 成型的塑料粉末材料，SLS 工艺使用塑料粉末时一般均进行直接激光烧结，对烧结后的制件不作后续处理。

2. 使用金属粉末的 SLS 工艺过程

使用金属粉末时，SLS 工艺有直接法、间接法和双组元法三种烧结方法。

1) *直接法*

直接法又称“单组元固态烧结”法(金属粉末视为单一的金属组元)，即用激光束将金属粉末加热至稍低于熔化温度，使粉末之间的接触区域相互黏结。直接法烧结的制件经热等静压处理后，其最终相对密度可达 99.9%，但该方法存在成型速度缓慢的缺点。

2) *间接法*

间接法使用的金属粉末实际上是一种金属组元与有机黏结剂的混合物，由于有机材料的红外光吸收率高、熔点低，因而在激光烧结过程中，有机黏结剂会熔化，将金属颗粒黏结起来。间接法的优点是烧结速度快，缺点则是工艺周期长、零件尺寸收缩大且精度难以保证，使用该方法烧结的制件空隙率约达 45%，强度也不是很高，需要进一步加工，一般的后续加工方法为脱脂、高温焙烧和金属熔浸。

3) *双组元法*

为消除间接法的缺点，可以在材料中用一种低熔点的金属粉末来替代有机黏结剂，即为双组元法。双组元法的金属粉末由高熔点(熔点为 T2)金属粉末(结构金属)和低熔点(熔点为 T1)金属粉末(黏结金属)混合而成。烧结时，激光将粉末升温至两金属熔点之间的某一温度($T1<T<T2$)，使黏结金属熔化，并在表面张力作用下填充结构金属的孔隙，从而使结构金属粉末黏结在一起。为了更好的降低孔隙率，黏结金属的颗粒尺寸必须比结构金属的小，这样可以使小颗粒熔化后更好地润湿大颗粒，填充颗粒间的孔隙，提高烧结体的致密度。此外，激光功率对烧结质量也有较大的影响，如果激光功率过小，会使黏结金属熔化不充分，导致烧结体的残余孔隙过多；反之，如果功率太高，则又会生成过多的金属液，使烧结体发生变形。因此对双组元法而言，最佳的激光功率和颗粒粒径比是获得良好烧结结构的基本条件。双组元法烧结的制件机械强度较低，需进行后续处理以提高制件的机械强度。

由于以上三种金属粉末的烧结温度较高，为防止金属粉末氧化，烧结时必须将金属粉末封闭在充有保护气体的容器中，保护气体有氮气、氢气、氩气及其混合气体，烧结的金属不同，所需的保护气体也不同。

3. 使用陶瓷粉末的 SLS 工艺过程

使用陶瓷粉末进行 SLS 成型时，需要在粉末中加入黏结剂。黏结剂主要有三种，即无机黏结剂、有机黏结剂和金属黏结剂。将陶瓷粉末和黏结剂粉末按照一定的比例混合均匀后，使用 CO2 激光器进行扫描，激光扫描加热使混合粉末中的黏结剂熔化，这些熔化的黏结剂成为一种胶体，将周围的陶瓷粉末黏结起来，从而实现陶瓷制件的成型。

2.3.5 应用领域

SLS 工艺可以制造复杂、高精度且具有良好力学性能的部件，近几十年来，该工艺被

成功应用于快速原型制造、快速模具及工具制造、医用生物模型制造等诸多领域，为传统制造业注入了新的生命力和创造力。

1. 快速原型制造

SLS 工艺可快速制造产品的设计模型，使设计师和客户迅速获得对产品的直观认识，并及时对其进行评价与修正，从而提高产品的设计质量。

2. 快速模具和工具制造

使用 SLS 工艺成型的制件既可直接作为模具使用，也可经后处理作为功能性零部件使用。

3. 医用生物模型制造

由于 SLS 工艺成型的制件具有很高的孔隙率，因此该工艺非常适合制造内部充满空隙的制件，如医用人工骨骼等。

2.4 三维印刷工艺(3DP)

三维印刷工艺(3DP)由美国麻省理工学院的 Emanual Sachs 等人研发，是目前比较成熟的彩色快速成型工艺(其他的快速成型工艺一般难以实现彩色成型)。3DP 工艺与 SLS 工艺类似，均是使用粉末材料成形，但不同的是，3DP 工艺并不采用烧结法将材料粉末结成一体，而是通过喷头喷射的黏结剂，将制件的截面“印刷”在材料粉末上面。

2.4.1 工作原理

3DP 工艺的工作原理如图 2-13 所示：首先，使用水平压辊将粉末平铺在打印平台上，再将带有颜色的胶水通过加压的方式输送到打印头；然后，打印头在计算机的控制下，按照截面的成形数据，有选择地将胶水喷射在粉末平面上；一层粉末黏结完成之后，打印仓升降平台下降一个层厚的距离，水平压辊再次将粉末铺平，然后开始新一层的黏结。如此逐层反复，最终完成一个制件的成型，未被喷射胶水的地方则为干粉，在成形过程中起支撑作用，成形结束后也很容易去除。

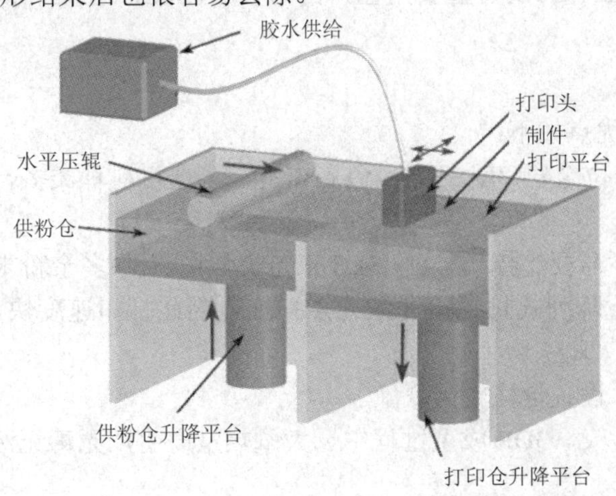

图 2-13　三维印刷工艺(3DP)的工作原理示意图

2.4.2 使用材料

3DP 工艺使用的材料包括粉末材料、与之匹配的黏结材料(溶液)以及后处理材料，为了满足成型要求，需要综合考虑粉末及相应黏结溶液的成分和性能。

1. 粉末材料

3DP 工艺已使用的材料有陶瓷、金属、石膏、塑料粉末等，对这些粉末材料的具体要求如下：

(1) 粉末颗粒小，最好呈球状，大小均匀，无明显团聚现象。

(2) 粉末流动性好，不易使供粉系统发生堵塞，并能铺成薄层。

(3) 黏结溶液喷射到上面时不出现凹陷、溅散和孔洞。

(4) 与黏结溶液作用后会很快固化。

2. 黏结材料

3DP 工艺对黏结溶液的性能要求如下：

(1) 性能稳定，可长期储存。

(2) 不腐蚀喷头。

(3) 黏度合适，表面张力足够高，能按预期的流量从喷头中喷出。

(4) 不易干涸，可以延长喷头的抗堵塞时间。

3. 后处理材料

3DP 制件的强度一般较低，表面质量较差，往往需要进行后处理，以提高强度或提高表面光洁度，因此，3DP 工艺对后处理材料的性能要求如下：

(1) 与制件相匹配，不破坏制件的表面质量。

(2) 能够迅速与制件发生反应，处理速度快。

2.4.3 技术特点

在如今由金属激光烧结类快速成型工艺主导的市场上，3DP 工艺虽然所占市场份额较小，但仍在快速成型业界扮演着重要角色，因为该工艺很好地填补了激光烧结类成型工艺的某些空白。

1. 技术优势

3DP 工艺的主要优点如下：

(1) 可以进行 24 位全彩 3D 打印，色彩丰富，可选材料种类多，这也是 3DP 工艺最具竞争力的优点之一。

(2) 成型过程中不需要支撑结构(与 SLS 工艺类似)，去除多余粉末也较为方便。

(3) 喷头可以进行阵列式扫描而非激光点扫描，因此打印速度快，能够实现大尺寸制件的打印。

(4) 没有激光器，设备价格较为低廉。

(5) 工作过程无污染。3DP 成型过程中无大量热量产生，无毒无污染。

2. 技术局限

同时，3DP 工艺也存在一些不足之处：

(1) 精度和光洁度不理想，因此更适用于制作概念模型，而不适合制作结构复杂或者细节较多的薄型物件。

(2) 制件强度低。由于制件是用粉末直接黏结成型，而黏结剂的黏结能力有限，因此制件的强度比较低，基本只能用作样品展示，而无法进行功能性实验。

2.4.4　工艺过程

与其他几种快速成型工艺类似，3DP 工艺的基本流程也可分为前处理、成型及后处理三个阶段。其中，前处理和成型阶段的工作与其他成型工艺基本相同，此处不再赘述，而后处理阶段一般需要依次进行以下三个环节：

(1) 取出成型完毕的制件，在除粉系统中将多余的粉末去除。

(2) 将制件放入加热炉或成型箱中保温一段时间，使其中的黏结剂进一步固化，以提高制件的强度。

(3) 有时根据不同的用途，还需要进行其他后处理工作。

2.4.5　应用领域

3DP 工艺凭借独特的技术优势，在 3D 摄影及创意娱乐、金属零件直接成型和铸造用砂模成型等领域得到了广泛应用。

1. 3D 摄影及创意娱乐

目前，3DP 工艺的最热门应用是在文创娱乐领域，如当下流行的 3D 摄影，只需一台 3DP 全彩打印机和一台三维扫描仪即可实现人物模型的全彩打印，如图 2-14 所示。使用 3DP 工艺打印的立体人像能保留人物模型的每一处细节，从头发、表情到姿势，都可以用微缩的形式完整还原出来，且无需后期上色，小到简单的孩童玩具，大到细致生动的游戏角色模型，3DP 全彩打印机都可以胜任。因此，无论是想象力丰富的艺术家，还是对快速成型充满兴趣的爱好者，都可以借助 3DP 工艺轻松实现自己的设计创意。

图 2-14　使用 3DP 工艺制作的全彩人像

2. 金属零件直接成型

3DP 工艺还可以用于金属零件的直接成型。使用 3DP 工艺制造金属零件时，金属粉末被一种特殊的黏合剂黏结成型，将制件从成型设备中取出后，再放入熔炉中烧结即可得到金属零件的成品，如图 2-15 所示。

图 2-15　使用 3DP 工艺制造的金属零件

3．铸造用砂模成型

使用 3DP 工艺可以将铸造用砂制成模具，用于传统的金属铸造，是一种间接制造金属产品的方式。德国的 VoxelJet 即是使用 3DP 工艺生产模具的专业公司之一，其生产的模具已经广泛用于商业生产，如图 2-16 所示。

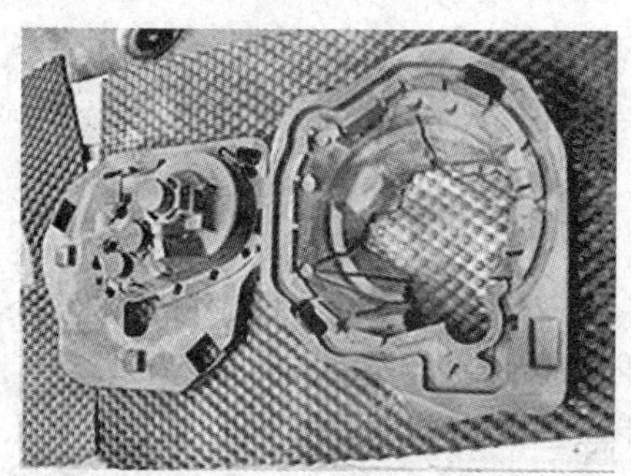

图 2-16　VoxelJet 公司制造的砂模以及用该砂模铸造的金属零件

2.5　分层实体制造成型工艺(LOM)

分层实体制造成型工艺(LOM)是最为成熟的快速成型制造工艺之一，该工艺由美国 Helisys 公司于 1986 年研制成功，并于 1990 年开发出第一台商用设备。

2.5.1　工作原理

LOM 工艺本质上是一种薄片材料叠加技术：首先，供料辊将底面涂有热溶胶的箔材(如涂覆纸、涂覆陶瓷箔、金属箔、塑料箔材)一段段地送至工作台的上方，同时激光切割系统在计算机指令的控制下，使用二氧化碳激光束沿模型截面的轮廓线切割工作台上的箔材，并将无轮廓区切割成小碎片，然后由热压辊将一层层箔材压紧并黏合在一起。在这个过程中，可升降的工作台支撑着正在成型的制件，并在每层成型完毕之后降低一个层厚，以便送入、黏合并切割新的一层，如图 2-17 所示。成型结束后，形成由许多小废料块包围的产品制件，取出制件并将多余的废料块剔除，就获得了最终的产品，如图 2-18 所示。

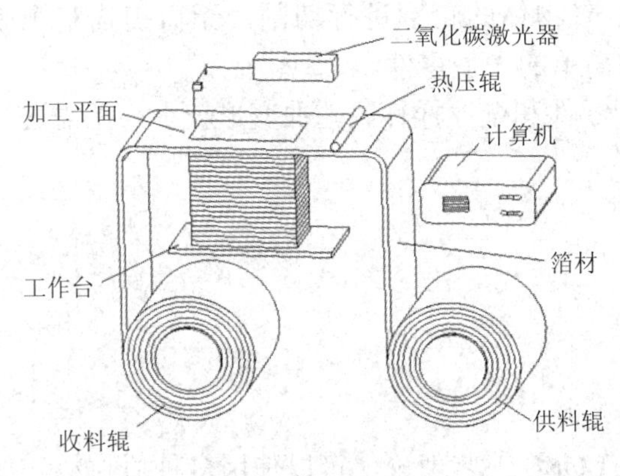

图 2-17　分层实体制造工艺(LOM)工作原理示意图

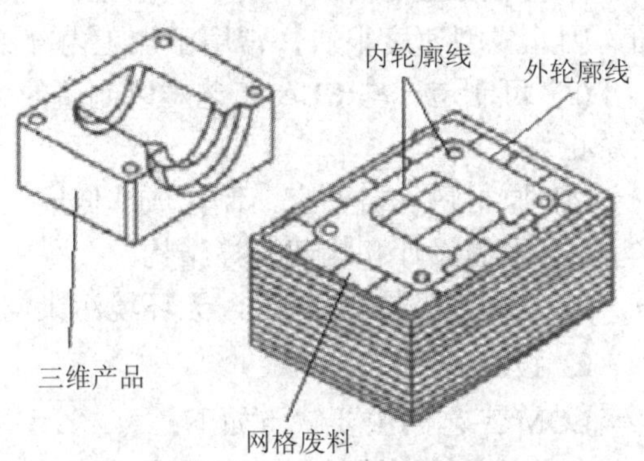

图 2-18　截面轮廓及废料块

2.5.2　使用材料

LOM 工艺使用的成型材料为单面涂覆有热熔性黏结剂的片状材料，由基体材料和黏结剂两部分组成。常用于 LOM 工艺的基体材料有纸片材、金属片材、陶瓷片材和复合材料片材等，因为涂覆纸价格较为便宜，所以目前的 LOM 基体材料主要为纸材；而常用于 LOM 涂覆纸的热熔性黏结剂按树脂类型分类，主要有乙烯—醋酸乙烯酯共聚物型热熔胶、聚酯类热熔胶、尼龙类热胶和其混合物等。

LOM 工艺是通过热压装置使材料逐层黏结在一起来成型所需制件的，因此，材料品质的优劣，如黏结性能、强度、硬度、可剥离性、防潮性能等，对制件的质量具有很大影响，需要予以重点关注。

基于 LOM 工艺所用材料的特点，采用该工艺成型时必须注意以下问题：

(1) 由于主要采用纸片材作为基体，又需要剥离废料，因此制作复杂的薄壁件非常困难，需要注意提高制件的强度和刚度。

(2) 需保证成型材料能够被可靠地送入设备。

(3) 热熔胶涂覆纸厚薄往往不均匀，制件高度方向上的精度较难以保证。

(4) 使用涂覆纸材料成型的制件容易吸潮变形，需注意调节环境的湿度，或进行防潮后处理。

2.5.3　技术特点

与其他快速成型方法相比，LOM 工艺因其材料成本低、成型速度快等特殊品质而受到广泛关注，但同时该工艺也存在自身的一些局限性。

1. 技术优势

LOM 工艺作为效率最高的一种快速成型技术，主要具有以下优点：

(1) 原型件制作过程中，材料不会发生化学变化，也没有多余的热量会影响未加工材料，因此，使用 LOM 工艺制作的原型件，由于收缩及热应力等原因而导致的几何形状变化基本可以忽略。

(2) 成型速度较快，由于只需让激光束沿着物体的轮廓进行切割，无需扫描整个断面，因此成型速度很快，常用于加工内部结构简单的大型零件。

(3) 可制造一些 SLA 工艺难以制造的大型零件和壁厚样件，翘曲变形较小，无需进行后矫正。

(4) 原材料价格便宜，制作成本低廉。

(5) 无需设计和构建支撑结构。

(6) 原型件材料无毒性，无环境污染问题。

2. 技术局限

LOM 工艺的主要缺点如下：

(1) 可实际应用的原材料种类较少。尽管 LOM 工艺理论上可以使用多种原材料，如纸、塑料、陶土以及合成材料等，但目前常用的只有纸，其他种类的材料尚在研制开发中。

(2) 成型完成的制件表面粗糙，有台阶状纹理，必须经过后处理加工，如进行表面打磨，方能符合使用要求。

(3) 必须进行防潮处理。因为纸制零件很容易吸湿变形，所以在成型结束后，必须立刻将制件进行树脂、防潮漆涂覆等后处理。

(4) 废料去除困难。该工艺不宜构建内部结构复杂的零件，因为当原型件的结构特征十分细微时，剥离废料的动作很容易损害原型件，因此，使用 LOM 工艺很难制作出结构复杂、形状精细的原型件。

2.5.4 工艺过程

LOM 工艺的具体过程大致分为图形处理、基底制作、原型制作、余料去除以及后置处理五个环节，简述如下。

1. 图形处理

与所有快速成型工艺相同，使用 LOM 工艺制造一件产品，首先要借助 CAD 造型软件构建产品的三维模型，然后将得到的三维模型转换为 STL 文件，再将 STL 文件格式的模型导入专用的分层软件中，进行分层，详细过程将在第 3 章和第 4 章中进行讲解。

2. 基底制作

由于工作台的频繁起降，所以必须将 LOM 制作的原型与工作台牢固连接，这就需要制作基底，通常设置 3～5 层的叠层作为基底，为使基底更牢固，可以在制作基底前预先加热工作台。

3. 原型制作

基底制作完成后，LOM 设备会根据已设定好的工艺参数，自动完成原型的加工制作，而工艺参数的选择与原型制作的精度、速度及质量等都有很大关系，其中比较重要的参数有激光切割速度、加热辊温度、激光能量、破碎网格尺寸等。

4. 余料去除

余料去除是一个极其繁琐的过程，操作人员需要足够仔细且耐心，最重要的是必须熟悉制件的结构特征，以在剥离的过程中能尽量不损坏制件。

5. 后续处理

余料去除之后，为提高制件的表面质量，还需要对制件进行后续处理，如防水、防潮、表面涂覆处理等，只有完成这些必要的工作，才能满足用户对制件表面质量、尺寸稳定性、精度和强度等方面的要求。

2.5.5　应用领域

目前，LOM 工艺已广泛应用于产品概念设计可视化、造型设计评估、产品装配检验、熔模铸造等诸多领域。

1. 产品设计评估

产品开发与创新是关系企业生存命脉的重要经营环节。在过去，企业一直沿用产品开发→生产→市场开拓逐一进行的产品开发模式，该模式的主要问题之一就是容易将设计缺陷直接带入生产，最终影响产品的推广及销售。而 LOM 工艺可以将产品概念设计快速转化为实体，提供充分的关于产品的感性认识，在批量生产前就修正产品设计缺陷，从而解决这一问题。

大体说来，LOM 工艺在产品设计领域可以发挥以下作用：

(1) 为调整产品外形、检验产品各项性能指标是否达到预期提供依据。

(2) 检验产品结构的合理性，提高新产品开发的可靠性。

(3) 用样品面对市场，可以及时调整开发思路，使产品开发和市场开发同步进行，从而确保产品适销对路，缩短新产品投放市场的时间。

2. 产品装配检验

当产品各部件之间有装配关系时，就需要进行装配检验，但平面图纸上表现出来的装配关系往往不直接，难以把握，而如果借助 LOM 工艺，将图纸变为三维实体模型，其装配关系就显而易见了。

3. 铸造用型芯制造

LOM 工艺制作的制件在精密铸造中通常作为可废弃模型使用，如作为熔模铸造的型芯等。由于 LOM 制件在燃烧时不膨胀，也不会破坏包裹型芯的壳体，所以在传统的壳体铸造中亦可以采用这一工艺。

4. 制模用母模成型

LOM 工艺可以提供快速翻制模具用的母模原型：首先用 LOM 工艺制作出零件或产品的原型，然后根据该原型翻制出硅橡胶模、金属树脂模和石膏模等，再利用这些翻制的模具批量制作产品。

5. 模具直接制造

使用 LOM 工艺制作的原型件具有较高的力学强度和较好的稳定性，经过适当的表面处理(如喷涂清漆、高分子材料或金属)后，直接作为生产模具使用。

LOM 工艺因其独特的优点(特别是适合进行大尺寸工件成型的优势)而得到广泛应用，但是，LOM 工艺的材料利用率不高，因而颇被诟病，随着快速成型新技术的不断涌现，LOM 工艺很有可能面临被逐步淘汰的境况。

本 章 小 结

✧ 目前比较成熟而且常用的快速成型工艺有立体光固化工艺(SLA)、熔融沉积工艺(FDM)、选择性激光烧结工艺(SLS)、三维印刷工艺(3DP)以及分层实体制造工艺(LOM)。

✧ 光固化成型工艺(SLA)是目前世界上研究比较深入、技术比较成熟的一种快速成型方法，其使用的主要材料是光敏树脂，具有成型速度快、成型精度高和表面质量好的优点。

✧ 熔融沉积工艺(FDM)属于非激光快速成型制造工艺，目前应用广泛，常用的材料为 ABS 和 PLA，该工艺比较突出的特点是成型设备和成型材料成本较低，制件强度高，但也存在成型时间长、制件的精度和表面质量相对较差等不足。

✧ 选择性激光烧结工艺(SLS)以粉末作为成型材料，可以使用的成型材料十分广泛，尤其是可以使用金属粉末材料，因此多用于制作金属制品，该工艺还具有制件精度高、强度好、无需额外支撑结构等突出优点，但也存在成型设备成本高、成型工艺相对复杂等缺点。

✧ 三维印刷工艺(3DP)是目前比较成熟的彩色快速成型工艺。3DP 工艺与 SLS 工艺类似，均是使用粉末材料成形，但不同的是，3DP 工艺并不采用烧结法将材料粉末结成一体，而是通过喷头喷射的黏结剂，将制件的截面“印刷”在材料粉末上面。其优势主要包括色彩丰富，具有全彩打印能力，无需格外支撑，无激光器，设备成本低等；缺点是制件精度和光洁度不理想，强度低。

✧ 分层实体制造工艺(LOM)的成型材料是底面覆有热熔胶的薄片材料，目前常用的是纸材。LOM 工艺的主要优点是成型速度快，不需支撑即可制造大型制件，而且成型过程中无化学变化，制件翘曲变形小，原材料价格低廉，无毒性；缺点是成型材料种类少，制件表面质量差，废料去除困难，因此不能制造内部形状复杂的零件。

✧ 大多数快速成型工艺的流程都包括前处理、原型制作和后处理三个阶段。

本 章 练 习

1．目前，常用的快速成型工艺方法有________、________、________、________和________。

2．SLA 工艺常用的材料为________，这种材料在一定波长的光源照射下会发生________，完成由________到________的转变。

3．FDM 工艺使用的材料包括________和________两种。

4．金属粉末的 SLS 烧结主要有三种方法，分别是________、________和________。

5．大多数快速成型工艺的流程都包括________、________和________三个阶段。

6．简述 SLA 工艺的技术特点。

7．简述 SLS 工艺的技术特点。

第 3 章　快速成型三维模型构建

本章目标

- 掌握快速成型用三维模型的构建方法
- 了解各种建模软件的特点
- 掌握逆向工程的概念和主要应用
- 掌握主要的 3D 扫描技术和设备知识
- 了解主要的逆向工程软件

快速成型系统需要三维模型才能快速成型，因此，构建零件的三维模型是快速成型的第一步，可以使用计算机辅助设计软件直接构建模型，也可以对实物进行扫描，得到点云数据后，再使用逆向工程方法来构建三维模型。

3.1 CAD 直接建模

CAD 直接建模就是直接使用三维 CAD 软件进行造型设计，以构建出零件的三维数字模型，这是获得快速成型模型信息的最常用方法。目前，许多 CAD 软件都加入了专用模块来将 CAD 建模结果离散化，生成面片模型文件(如 STL 文件、CFL 文件等)来实现与快速成型系统的无缝对接。

用于构建模型的 CAD 软件要求具备较强的三维造型功能，包括实体造型和曲面造型。目前，市面上常用的工程设计类 CAD 建模软件有 UG、Pro/ENGINEER、CATIA、SolidWorks、AutoCAD 和 SketchUp 等，本节将逐一进行介绍。

3.1.1 UG

UG(Unigraphics)软件起源于美国麦道飞机公司，1991 年并入美国 EDS 公司后开始为通用汽车公司服务，2007 年 5 月又被西门子收购，该软件汇集了美国航空航天与汽车工业的优秀经验，是当前机械制造行业的主流 CAD/CAE/CAM 集成化软件之一，在航空航天、汽车、通用机械、模具、家电等诸多产业领域得到广泛应用。

UG NX 是西门子旗下 Siemens PLM Software 公司出品的新一代 UG 软件，为用户的产品设计及加工过程提供了数字化的造型和验证手段。UG NX 针对用户的设计需求，提供了经过实践验证的解决方案，它包含了企业最为常用的设计集成套件，可用于产品设计、加工和制造的整个开发过程，帮助企业实现向产品全生命周期管理转型的目标。目前，UG NX 10.0 是该软件较为主流的版本，其操作界面如图 3-1 所示。

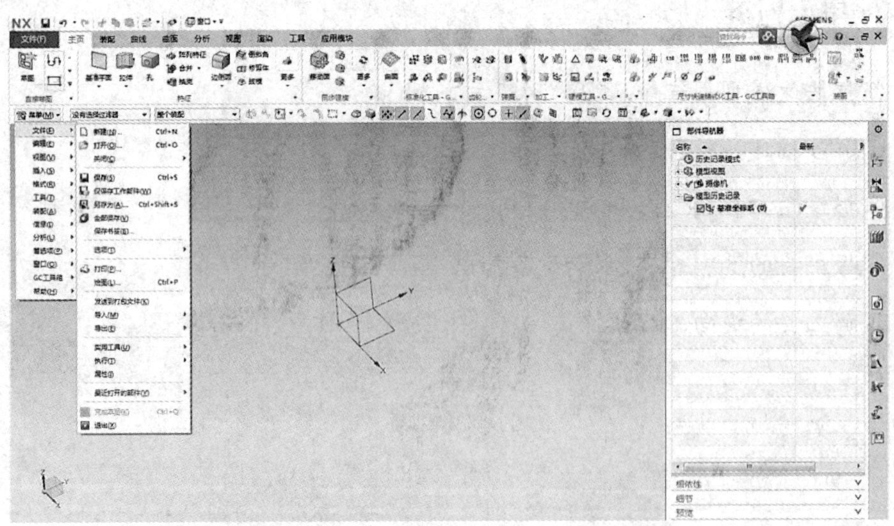

图 3-1 UG NX 10.0 操作界面

UG 采用的是复合建模技术，集基于约束的特征建模与传统几何建模为一体，具备强大的曲面造型与数控加工性能，它采用基于过程的设计向导、自由选择的造型方法、开放的体系结构以及协作式的工程工具，有效提高了企业的创新能力与生产力，改善了产品质量。具体而言，UG 的特色功能主要体现在以下几个方面。

1. 知识驱动自动化(KDA)技术

KDA(Knowledge Driven Automation)是一个能够记录工程知识，并重复利用这些知识来建立、选择和装配相应几何模型的系统。KDA 将所有的工程知识以统一的“规则”(Rule)形式，表示为工程产品的几何参数与工程属性之间的相互关系，并将这些规则使用“知识库”来存放和组织。使用过程中，KDA 会自动根据规则之间的关系来计算其顺序，用户只需输入、改变工程参数或者添加、修改工程规则，系统就会自动根据这些工程规则来计算工程参数对几何参数的影响，从而驱动最终的几何造型过程。KDA 技术的应用使 UG 能够集成业内最优秀的实践经验与过程，为产品开发的每个流程提供先进的解决方案，如今，大到航空航天产品，小到日用消费品的设计都受益于该方案带来的效率提升。

2. 系统化造型

使用参数化造型时，需要修改产品模型的尺寸标注，才能查看产品不同形状及尺寸的效果，而使用系统化造型，只需改变产品中的任意工件，就能直接看到整个产品模型及其生产过程发生的改变。UG 技术将参数化造型技术提升到更高级的系统与产品设计层面，只需修改系统级的设计参数，就能改变产品的子系统、装配件以及最终构件。

3. 集成化协作

现代制造企业的产品通常是集体协作的结晶，而 UG 所涵盖的技术能够将产品开发团队、客户以及供应链都纳入产品开发流程，实现了真正的集成化开发。

4. 开放式设计

UG 对其他 CAD 系统是开放的，因此可以轻松地与开发过程中涉及的其他系统交换数据。

3.1.2 Pro/ENGINEER

Pro/ENGINEER 软件是美国参数技术公司(PTC)旗下的 CAD/CAM/CAE 一体化三维造型软件，是参数化造型技术的代表和最早应用者，在三维造型软件领域占有重要地位，已经得到业界的普遍认可和推广，在产品设计领域占有重要地位。

Pro/ENGINEER 采用了模块化结构，各模块分别完成草图绘制、零件制作、装配设计、钣金设计、线缆设计、加工处理等任务，用户可以根据自身的需要，将模块自由组合使用。

目前，Pro/ENGINEER 的最高版本为 Creo Parametric 3.0。但市面上仍有许多公司使用着从 Proe 2001 到 WildFire 5.0 的各种版本，其中，WildFire 3.0 和 WildFire 5.0 是目前较为主流的版本，Wildfire 5.0 的操作界面如图 3-2 所示。

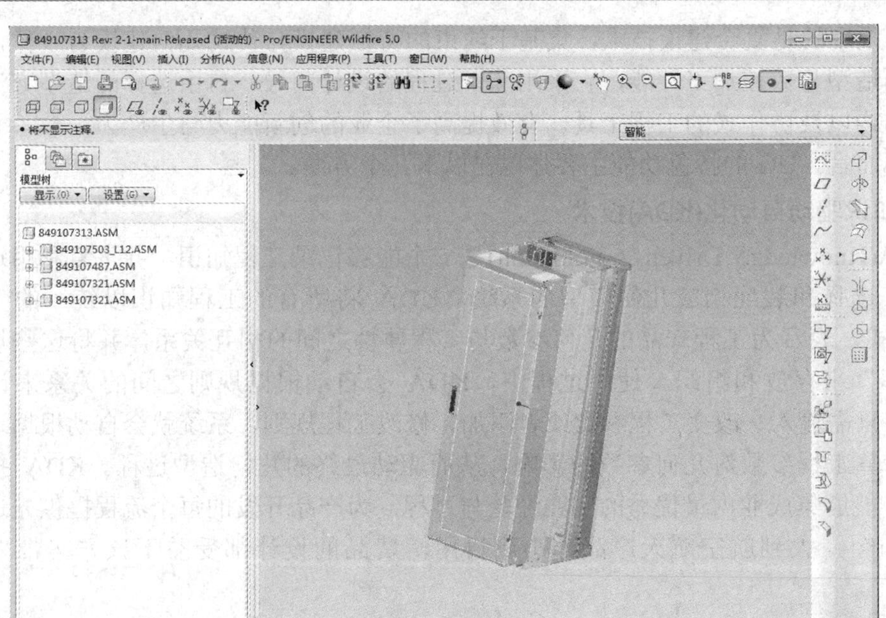

图 3-2　Pro/ENGINEER WildFire 5.0 操作界面

Pro/ENGINEER 具有以下主要特点。

1. 模块的全相关性(单一数据库)

Pro/ENGINEER 建立在单一的数据库上，而许多传统的 CAD/CAM 软件都是建立在多个数据库上。所谓单一数据库，就是工程中的资料全部来自同一个库，所有的模块都是全相关的，这意味着在产品开发过程中，对任何一处的修改都能反映在设计过程的所有相关环节上，同时自动更新所有的工程文档，包括装配体、设计图纸、制造数据等。

2. 基于特征的参数化造型

无论怎样复杂的几何模型，都可以分解为有限数量的构成特征。Pro/ENGINEER 以用户熟悉的特征作为产品几何模型的构造要素(例如弧、圆角、倒角等)，通过给这些特征设置参数(不仅包括几何尺寸，也包括非几何属性)并修改这些参数，就能轻松实现多次设计迭代，完成产品的建模。

3. 并行式数据管理

Pro/ENGINEER 的数据管理模块能够管理并行工程中同时进行的各项任务，允许多个学科的工程师同时对同一产品进行开发，从而加快产品研发周期。

4. 直观的装配管理

Pro/ENGINEER 具有基本的装配管理功能，允许用户在保持设计意图的前提下，使用一些直观的命令把零件装配起来。高级装配管理功能更可以支持零件数量不限的大型复杂装配体的装配管理。

从软件的三维造型特点来看，UG 属于复合建模软件，适合进行复杂的曲面设计；而 Pro/ENGINEER 采用的是全参数化造型技术，适合进行零件相对简单，但装配结构比较复杂的产品设计。

3.1.3　CATIA

CATIA 是由法国著名飞机制造公司 Dassault 开发的 CAD/CAM/CAE 一体化软件，该软件为企业建立了一个覆盖产品开发全过程的工作环境，用来模拟产品开发的各个环节，同时实现了工程人员和非工程人员之间的电子通信。作为 PLM 协同解决方案的一个重要组成部分，CATIA 的功能涵盖了整个产品开发过程，包括概念设计、详细设计、工程分析、产品定义和制造，以及产品的后期维护。

作为世界领先的 CAD/CAM 软件，CATIA 的核心技术主要包括：先进的混合建模技术；所有模块之间的相互关联技术；大大缩短设计周期的并行工程设计环境；覆盖产品开发全过程的解决方案。

从 1982 年到 1988 年，CATIA 相继发布了版本 1、版本 2 与版本 3，随后又于 1993 年发布了功能强大的版本 4。如今，CATIA 软件分为 V4 版本和 V5 版本两个系列，V4 版本只应用于 UNIX 平台，V5 版本可以应用于 UNIX 和 Windows 两种平台。CATIA V5 的操作界面如图 3-3 所示。

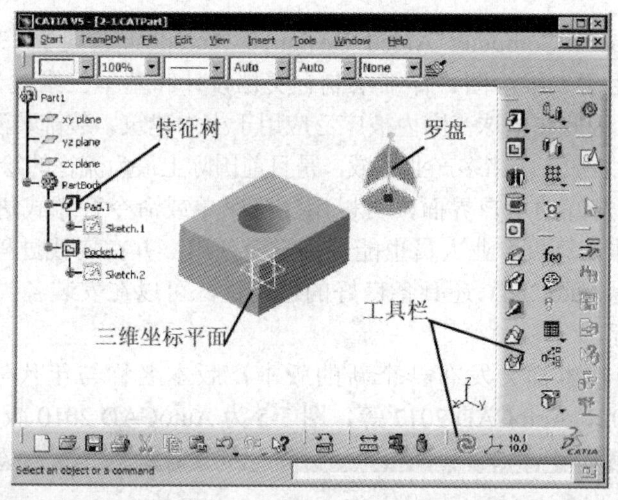

图 3-3　CATIA V5 操作界面

目前，CATIA 系列产品主要提供：汽车制造、航空航天、船舶制造、建筑(主要是钢构厂房设计)、电力电子、消费品制造和通用机械制造等七大领域的 3D 设计与模拟解决方案。

3.1.4　SolidWorks

SolidWorks 软件是世界上第一个基于 Windows 开发的三维 CAD 系统，它能够提供多样化的设计方案、减少设计过程中的错误并提高产品质量。对于工程师和设计者来说，SolidWorks 不仅具备强大的功能，操作也十分简单。由于具备功能强大、技术先进和易学易用三大特点，SolidWorks 迅速成为业界领先的三维 CAD 解决方案。

SolidWorks 2015 的操作界面如图 3-4 所示，本书将使用该软件来进行实践项目 2 的建模。

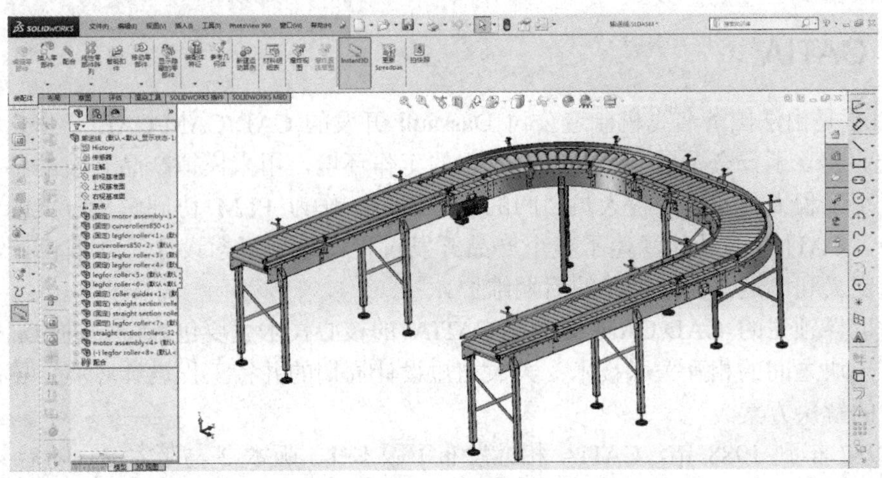

图 3-4　SolidWorks 2015 操作界面

3.1.5　AutoCAD

AutoCAD(Autodesk Computer Aided Design)是 Autodesk 公司于 1982 年发布的计算机辅助设计软件，可用于二维绘图、详细绘制、文档设计和基本三维设计。AutoCAD 无需懂得编程即可使用，因此在全球范围内被广泛应用于土木建筑、装饰装潢、工业制图、工程制图、电子工业、服装加工等诸多产业领域，是目前国际上最为流行的绘图工具软件之一。

AutoCAD 具有友好的用户界面，可以用交互菜单或命令行方式进行各种操作，它的多文档设计环境让非计算机专业人员也能轻松学会使用，并在实践过程中逐渐掌握使用技巧，提高工作效率。AutoCAD 还具备良好的通用性，可以在安装各类操作系统的微型计算机和工作站上运行。

AutoCAD 每年基本都会发布一个新的版本，版本名称与年代一致，如 AutoCAD 2000、AutoCAD 2002、AutoCAD 2017 等，图 3-5 为 AutoCAD 2010 版的操作界面。

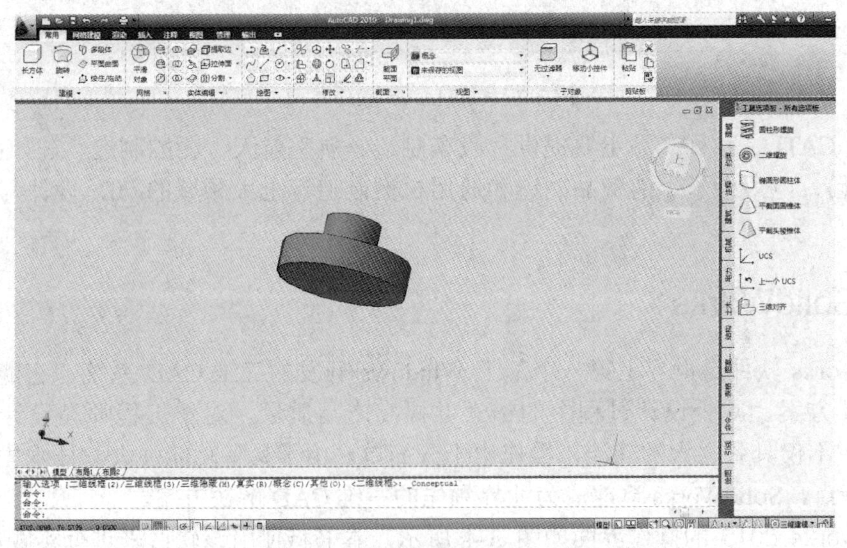

图 3-5　AutoCAD 2010 操作界面

3.1.6 SketchUp

SketchUp(草图大师)是一款当前颇受欢迎的 3D 建模软件，由@Last Software 公司开发，目前已被 TrimbleNavigation 公司收购。作为一套直接面向设计创作过程的建模工具，SketchUp 允许设计师将自己的理念方便且直观地在电脑上表现出来，并与客户进行即时交流。SketchUp 的操作界面如图 3-6 所示。

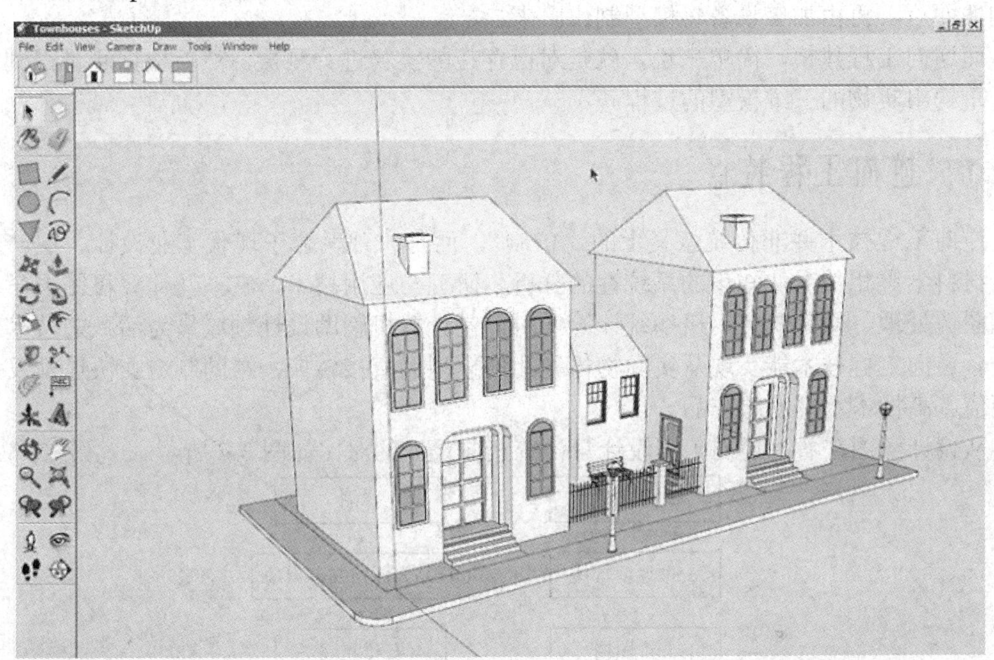

图 3-6　SketchUp 操作界面

SketchUp 的主要特点是简便易用，人人皆可快速上手，官方网站将其比喻为设计师手中的“铅笔”，即在 SketchUp 中建立三维模型有如使用铅笔在纸上作图一般轻松随意。

SketchUp 的建模流程简单明了：首先画线成面，之后软件会自动识别用户绘出的线条并加以捕捉，最后挤压成型，这是建筑建模最常用的方法。因此，在创作三维建筑设计方案时，SketchUp 是一种尤为优秀的工具。

SketchUp 具有以下主要特点：

(1) 独特简洁的界面，用户在短期内就能掌握基本操作。

(2) 适用范围广，可用于建筑、规划、园林、景观、室内及工业设计等诸多领域。

(3) 方便的推拉功能，通过一个平面图形就能快捷地生成 3D 几何体，无需进行复杂的三维建模。

(4) 快速生成模型任意位置的二维剖面图，清楚展现建筑的内部结构，生成的剖面图还能快速导入 AutoCAD 中处理。

(5) 可与 AutoCAD、3DMAX 等软件结合使用，快速导入和导出 DWG、DXF、JPG 等格式的文件，实现方案构思、效果图设计与施工图绘制的完美结合，同时还提供兼容 AutoCAD 和 ArchiCAD 等设计工具的插件。

3.2 逆向工程建模

逆向工程技术又称为反求工程技术，是 20 世纪 80 年代末发展起来的一项先进制造技术，是根据已经存在的实物，反向推出设计数据(包括设计图纸或数字模型)的过程。逆向工程利用 3D 数字化测量仪器，准确、快速地测量出实物的轮廓坐标，进行编辑、修改并建构曲面后，再由加工设备将模型制作出来。

而逆向工程建模，简单来说，就是对已存在的实物进行测量，然后根据测量得到的数据，重构出实物的三维模型的过程。

3.2.1 逆向工程特点

逆向工程技术并非传统意义上的“仿制”，而是一项融合了现代工业设计、生产工程学、材料学等相关专业知识的系统性的分析、研究与应用技术，它涉及计算机图形学、计算机图像处理、微分几何、概率统计等学科，是计算机辅助设计领域最为活跃的技术分支之一。逆向工程技术能实现从实际物体到几何模型的直接转换，帮助制造业快速开发出高附加值、高技术水平的新产品。

从设计意图来看，逆向工程设计与传统正向设计的对比如图 3-7 所示。

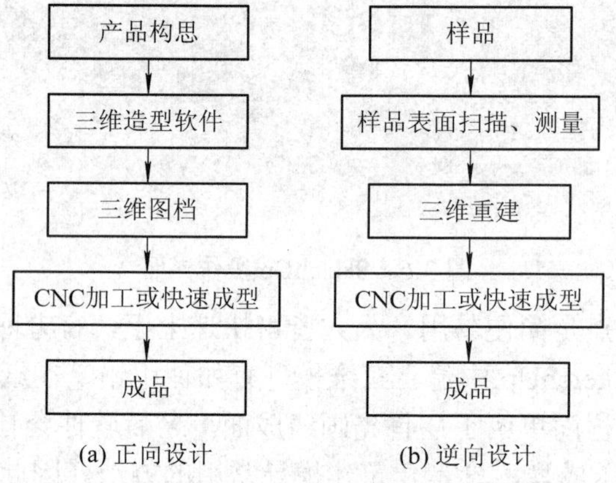

图 3-7 传统正向设计与逆向工程设计的比较

由于逆向工程技术能够方便快捷地获取难以使用 CAD 软件直接设计的零件或艺术模型的数据，因此是快速成型的一个重要数据来源。在快速成型领域，逆向工程技术常用来进行基于实物的扫描建模和基于 CT 医疗影像数据的建模，以完成复制已有产品、修复受损零件、提高模型精度、检测模型尺寸等工作。

3.2.2 逆向工程应用

逆向工程在制造领域主要用于已有产品的参照设计，即通过测量已有的产品，构建该产品的三维模型，也可以再根据客户的具体要求，在此模型的基础上改进产品设计，研发出新的产品，具体而言，主要有以下几方面的应用。

1. 基于实物模型的产品外观设计

在对产品外观有特殊美学要求的领域，设计师往往习惯于依赖 3D 实物模型来评估产品的外观，因此，对于某些三维特征难以直接用计算机软件呈现的物体——如复杂的艺术造型、人体和其他动植物外形等——就经常使用黏土、木材或泡沫塑料来进行初始外形设计(概念设计)，然后再使用逆向工程技术，重建产品的数字化模型。

2. 对现有产品的局部修改

由于工艺改进、外形美化、功能提升等原因，常常需要对已有的产品进行局部修改，如在模具行业，就经常需要反复修改原始模具的型面，而如果使用逆向工程技术，在对产品进行数据测量的基础上生成与之相符的三维模型，然后修改此模型并依此对产品进行调整，可显著提高生产效率。因此，逆向工程技术在产品改型设计方面发挥着不可替代的作用。

3. 产品检测

逆向工程技术可以基于产品的模型信息自动生成测量程序，借助三坐标测量机完成对产品实物的测量任务，再将测量结果与模型信息进行对比，就能对产品的加工准确度进行评估。例如，借助于工业 CT 技术，逆向工程不仅能呈现物体的外部形状，还可以快速发现并定位物体的内部缺陷。

4. 破损修复

逆向工程也经常用于珍稀物品的破损修复，如修复受损的文物、艺术品，或者缺乏供应的受损零件等。

3.2.3 逆向工程建模流程

基于实物的逆向工程建模流程如图 3-8 所示，其中虚线框部分为逆向工程建模后的快速成型数据处理及后续加工流程，在此列出仅供参考。

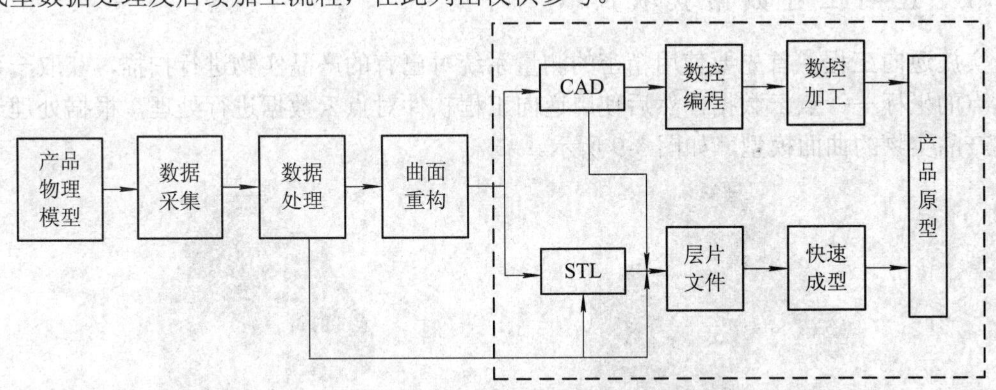

图 3-8　实物逆向工程流程图

由图 3-8 可知，基于实物的逆向工程建模有数据采集、数据处理、曲面重构三个主要步骤。

1. 数据采集

采集数据是逆向工程建模的第一步，指用一定的设备对实物进行测量，以获取实物的表面数据(有时也包括内部数据)。按照测量方法分类，数据采集方式可分为接触式测量(如手动方法、三坐标测量机中的接触式测量方法等)和非接触式测量(如激光扫描测量法、电磁 MRI 等)两种。

2. 数据处理

逆向工程获取的实物测量数据是庞大的离散数据点(Point Cloud，又称点云)，如何压缩这些测量数据，准确再现被测曲面，是逆向工程建模的关键问题。在使用逆向工程技术建模前，首先需要对获取到的数据进行处理，包括对密集采样数据进行滤波以及对数据点进行优化和聚合等，简述如下：

(1) 在采集实物数据点时，由于受测量设备精度、操作者经验和被测实物表面状况等诸多因素的影响，经常会采集到一些噪声点，而去除这些噪声点的操作就称为数据滤波，这是减少数据量的基本方法。

(2) 数据点的优化是指采用某种方法，在保证数据点精度的情况下，去除部分数据点，以达到精简数据点和提高处理速度的目的。

(3) 数据点的聚合是指对于形状复杂的物体，需从几个不同方向采集物体表面上的点，这就要考虑不同坐标系下数据点的聚合问题。参考点法可有效解决这一问题，该方法将被测物体某几个面上的点作为所有采集方向的参考点，并保证从多个方向都可采集到这些点，然后使这些点重合，即可将不同坐标系下的点集合到一起。

3. 曲面重构

逆向工程的曲面重构技术为快速成型技术提供了最为关键的技术支持，而曲面拟合则是曲面重构最主要的实现方式。曲面拟合最重要的是实现对原型的精确逼近或拟合，在实际的生产过程中，产品的外形很难做到只由一张曲面构成，而往往是由多张曲面混合而成，因此，有效控制曲面的光顺性并进行光滑的拼接就显得尤为重要。

3.2.4 逆向工程数据获取技术

实施逆向工程，首先要使用精密的测量系统对已有的产品实物进行扫描，获取一系列离散点的坐标——点云数据，然后使用逆向工程软件对点云数据进行处理，根据处理结果生成产品实物的曲面模型，如图 3-9 所示。

(a) 点云数据

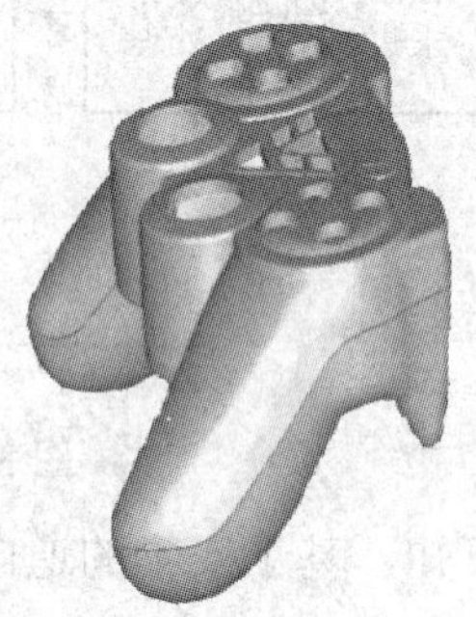

(b) 实体模型

图 3-9 点云数据和实体模型

目前，逆向工程主要使用 3D 扫描技术来获取点云数据。3D 扫描技术是集光、电、

机和计算机于一体的高新技术，主要用来扫描实物的空间外形和结构，以获取实物表面坐标的点云数据。3D 扫描技术的重要意义在于可以将实物的立体信息转换为计算机能处理的数字信号，为实物数字化提供了方便的手段。

3D 扫描技术的关键在于如何快速获取实物的三维几何信息，而采用哪种原理来获取这些信息，很大程度上决定了仪器的构造、性能和使用范围，各类 3D 扫描设备的核心区别也在于此。目前，3D 扫描技术主要分为接触式三维扫描和非接触式三维扫描两种。前者的典型测量设备为三坐标测量机；后者的典型测量设备则包括三维激光扫描机、CT 扫描机以及磁共振扫描机(MRI)等。

1. 接触式三维扫描

接触式三维扫描通过触碰实物表面的方式计算深度。首先可根据实物特征和测量的要求选择测头及其方向，确定测量点数及其分布，然后确定测量的路径。测量开始时，测头的探针接触到产品表面，由于探针受力变形触发采样开关，通过数据采集系统记下探针当前坐标值，逐点移动探针就可以获得产品的表面轮廓的坐标数据。

接触式三维扫描方法相当精确，常被应用于工程制造行业，但探针在扫描过程中必须接触待测实物，待测实物有被探针破坏的可能，因此不适用于古文物、遗迹等高价值物体的重建作业。另外，相较于其他方法，接触式扫描需要较长的时间，例如，现今最快的接触式坐标测量机每秒仅能完成数百次测量，而使用非接触式扫描的镭射扫描仪运作频率则高达每秒一万至五百万次。

接触式三维扫描设备的典型代表就是三坐标测量机，它是一种能测量出实物的几何形状以及形位公差的高精密仪器，通过自由组合不同类型的测头与不同结构形式的测量机，三坐标测量机能精确地获取工件实物表面的三维数据和几何特征，对于模具的设计、样品的复制、损坏模具的修复非常有用。图 3-10 为海克斯康公司生产的 Croma 系列三坐标测量机。

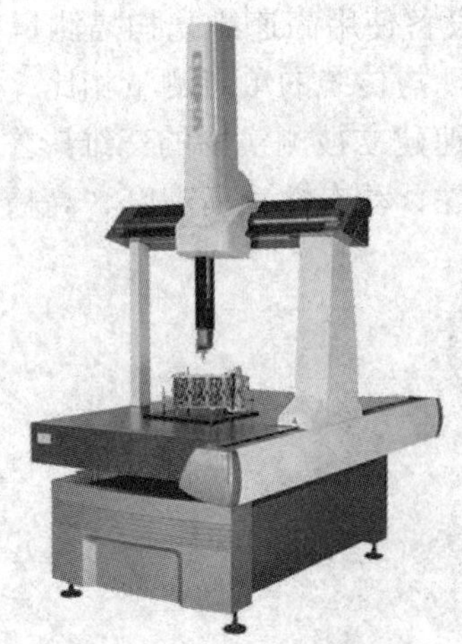

图 3-10　海克斯康 Croma 系列三坐标测量机

2. 非接触式三维扫描

随着光学、电子技术的完善，以及图像处理、人工智能、模式识别等领域的技术进步，以工业相机、光栅技术、投影仪、图像采集系统和计算机为基础的非接触式三维扫描已成为国内外 3D 扫描研发与应用领域的重点和热点。这种非接触式三维扫描技术排除了接触式扫描时测量摩擦力和接触压力造成的测量误差，并可以探测到一般机械测头难以测量的部位，而且该技术可以获得的密集点云信息量大，它的精度高，能最大限度地反映被测表面的真实形状。

目前，非接触式三维扫描技术主要分为非接触式主动扫描与非接触式被动扫描两种。

非接触式主动扫描是指将额外的能量(可以理解为特定的光)投射到实物上，借由能量的反射来计算获取实物表面的三维坐标信息，主要方法有时差测距、三角测距、手持镭射和结构光源等。常用的投射能量包括一般可见光、高能光束、超音波与 X 射线。非接触式主动扫描的代表技术为激光式扫描，如图 3-11 所示，它的精度较高，但由于激光会对生物体和比较珍贵的物体造成伤害，所以不适用于某些特定领域。

图 3-11　加拿大 Creaform 便携式三维激光扫描仪

非接触式主动扫描的典型设备有以下两种：

(1) 三维激光扫描机：该设备使用高速激光扫描测量的方法，大面积地获取被测实物表面的高分辨率三维坐标数据，与传统的单点测量相比，三维激光扫描机可在短时间内大量采集空间点位信息，从而快速建立被测实物的三维影像模型，如图 3-12 所示。同时还具有无接触性、穿透性、实时性、动态性、高密度、高精度、数字化、自动化等特性，因此在逆向工程中被广泛应用。

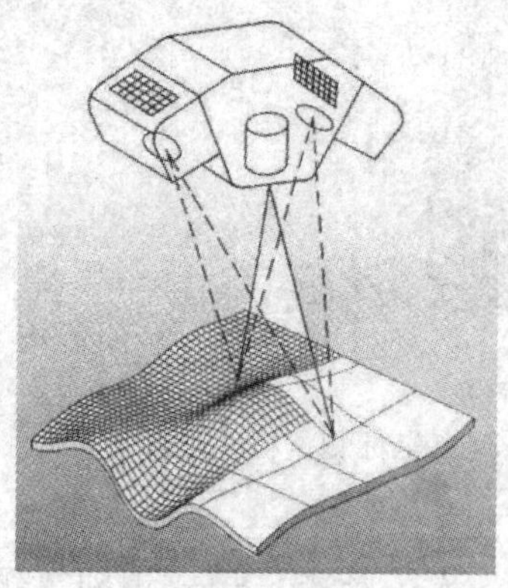

(a) 激光扫描

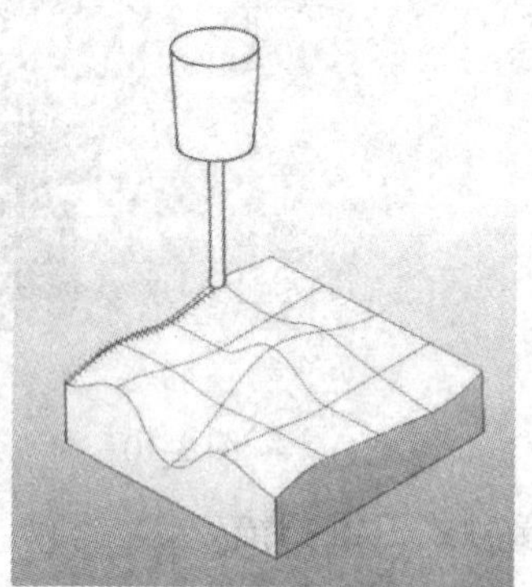

(b) 传统单点测量

图 3-12　三维激光扫描和传统单点测量原理对比示意

(2) 断层投影(CT)和核磁共振(MRI)技术：这两类技术可以提供人体内部器官的二维数字断层图像序列或三维数据，又称医学体数据。可以使用计算机进行基于这些医学体数据的三维重建，将其转变为具有直观三维效果的图像，展示人体器官的三维形态，提供用传统手段无法获得的解剖结构信息，为进一步模拟操作提供可视化的交互手段，如图 3-13 所示的医用 CT 机就是一种代表性设备。

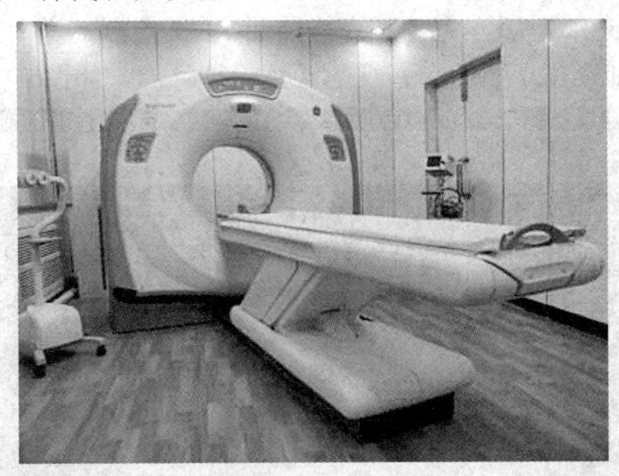

图 3-13　德国西门子螺旋 CT 机

非接触式被动扫描是指扫描仪本身不发射任何射线，而是通过测量待测实物反射到周遭的辐射线的方法得出测量结果，主要方法包括立体视觉法、色度成形法、立体光学法和轮廓法等。由于环境中的可见光辐射较多，容易获取和利用，因此多数非接触式被动扫描仪都以侦测环境的可见光为主，但其他较少的辐射线(如红外线)，也能被用于这项用途。多数情况下，非接触被动式扫描并不需要太特殊的硬件支援，因此该类设备的价格相对便宜。

3.2.5　逆向工程软件

逆向工程软件主要具备点云处理、曲线处理和曲面处理三项功能，它能对测量设备获取的数据执行一系列的编辑操作，生成品质优良的曲线或曲面模型，然后将其输出为通用的标准数据格式，导入现有的 CAD/CAM 系统，完成最终的产品造型。目前，常用的逆向工程软件有以下几种。

1. Imageware

Imageware 是由美国 EDS 公司出品的逆向工程软件，后被德国的 Siemens PLM Software 公司收购，并入旗下的 NX 产品线，是最著名的逆向工程软件。

Imageware 专门用于将扫描数据转换成曲面模型，它采用了 NURBS 技术，具有强大的测量数据处理、曲面造型、误差检测等功能，可以处理几万至几百万的点云数据，同时还具备模型检测功能，能够方便、直观地显示所生成的曲面模型数据与实际测量数据之间的误差，以及平面度、圆度等形位公差，是对产品研发的有力补充。

Imageware 适用于以下应用场景：

(1) 只有真实零件而没有图样，却又需要对此零件进行分析、复制及改型。

(2) 在汽车、家电等行业，需要分析并修改油泥模型，并在得到满意结果后，在计算机中建立该油泥模型的数字模型。

(3) 需要对已有的零件、工装等建立数字化图库。

(4) 在模具行业，往往需要进行手工修模，而修改后的模具型腔数据必须及时反映到相应的CAD设计中，才能最终制造出符合要求的模具。

此外，Imageware 的快速成型模块可以利用数字化数据或其他系统的曲面几何形状生成原型，从而缩短了进行数字化→生成CAD模型→生成原型这一过程的周期。

常用的 Imageware 12.1 版本完善了高级曲面、3D检测、逆向工程和多边形造型等功能，为产品的设计和制造建立了一个直观的柔性设计环境，如图3-14所示。

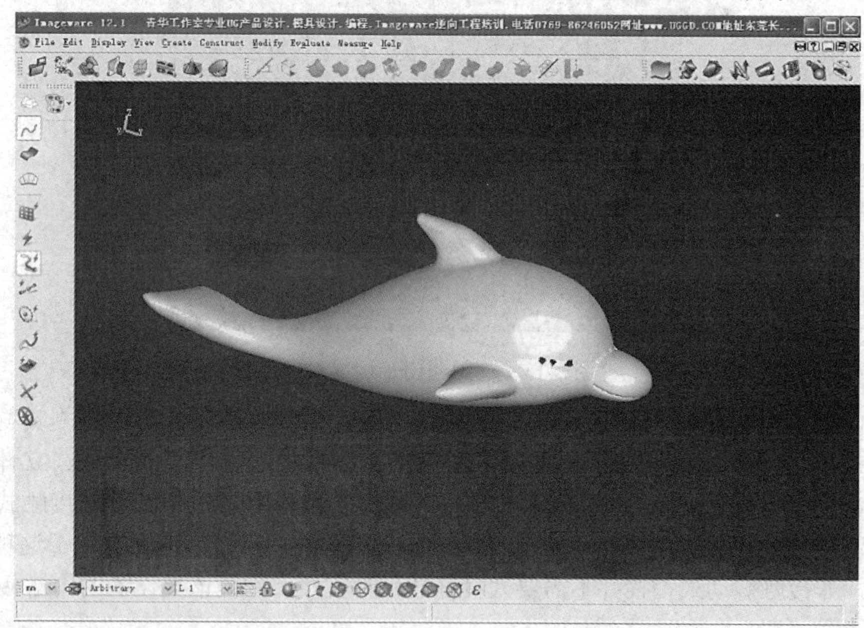

图3-14 Imageware 12.1 操作界面

2. Geomagic Studio

Geomagic Studio 是由美国 Geomagic 公司出品的逆向工程和三维检测软件，可以将三维扫描数据转化为高精度曲面、多边形或通用 CAD 模型，该软件也是除 Imageware 以外应用最广泛的逆向工程软件，是将实物直接转化为生产用数字模型的完整解决方案。

Geomagic Studio 拥有业界最强大的点云和网格编辑功能，并具备高级曲面处理能力。输入三维扫描数据后，该软件能在几分钟至几小时内产生完整、准确的三维模型，为实物转换数字模型提供强大助力。Geomagic Studio 保持着智能、易用的特点，除精确的三维数据处理功能外，还整合了数量庞大的自动化工具，使用户能在显著降低时间与人力成本的同时制作出高品质的模型。无论对于逆向工程、产品设计、快速成型还是分析和导出CAD而言，Geomagic Studio 都是居于核心地位的三维数字模型创建工具。

Geomagic Studio 提供了以下四个处理模块：

(1) 扫描数据处理(capture)。

✧ 从任意主流的三维扫描仪和数字设备中采集点云数据。

✧ 优化扫描数据(减少噪音点、去除重叠)。

✧ 自动或手动拼接与合并多个扫描数据集。

✧ 处理大型三维点云数据。

✧ 通过随机采样、统一采样和曲率采样降低点云数据集的密度。

(2) 多边形编辑(wrp)。

✧ 由点云数据创建精确的多边形网格。

✧ 修改、编辑和清除多边形模型。

✧ 自动检测和纠正多边形网格的误差。

✧ 自动填充模型中的破损孔。

(3) NURBS 曲面建模(shape)。

✧ 根据多边形模型，一键自动创建 NURBS 曲面。

✧ 通过绘制的曲线创建新的曲面片布局。

✧ 根据公差自适应拟合曲面。

✧ 检测和修复曲面片错误。

✧ 输出行业标准格式，包括 IGES、STEP 等诸多文件格式。

(4) CAD 曲面建模(fashion)。

✧ 将网格数据自动拟合为以下曲面类型：平面、柱面、锥面、挤出面、旋转曲面、扫描曲面、放样曲面和自由曲面。

✧ 自动提取经过优化的扫描曲面、旋转曲面和挤出面的轮廓曲线。

✧ 使用多种工具和参数控制曲面拟合。

✧ 自动拉伸和修剪曲面，以在相邻曲面之间创建完美的锐化边。

✧ 将参数化曲面、实体、基准和曲线无缝转移至 CAD，自动构建通用数字模型。

✧ 输出行业标准格式，包括 STL、IGES、STEP 和 CAD 等诸多文件格式。

✧ 将基于历史记录的模型直接输出至主流 CAD 软件，包括 Autodesk Inventor、Creo(Pro/ENGINEER)、CATIA 和 SolidWorks 等。

Geomagic Studio 的优点主要体现在以下几个方面：

(1) 简化了工作流程。Geomagic Studio 的自动化机制与简化的工作流程减少了用户的培训时间，并使用户免于从事单调乏味、劳动强度大的工作。

(2) 提高了生产率。与传统的计算机辅助设计(CAD)软件相比，Geomagic Studio 在处理复杂的或有自由曲面的形状时，生产效率可提高十倍以上。

(3) 实现了即时定制。定制同样的模型，使用传统的方法可能要花费几天的时间，但使用 Geomagic Studio 在几分钟就能内完成。

(4) 兼容性好。Geomagic Studio 可与所有的主流三维扫描仪、计算机辅助设计软件、常规制图软件及快速成型设备配合使用，完全兼容多种主流技术，有效减少了设备开销。

(5) 支持多种数据格式。Geomagic Studio 提供了非常多的数据模型格式，包括目前的主流 3D 数据格式——点、多边形及非均匀有理 B 样条曲面(NURBS)模型。

Geomagic Studio 11 强化了从点和多边形处理到曲面和完整参数模型创建每个阶段的功能，无缝连接了三维模型处理的各个方面。该版本对多方面进行了改进，包括菜单与界面的优化、多边形阶段更准确捕捉并再现用户设计意图的改进与算法的优化，以及 fashion 模块的功能与算法的提升，并开发出了新的参数转换器。Geomagic Studio 11 的操作界面如图 3-15 所示。

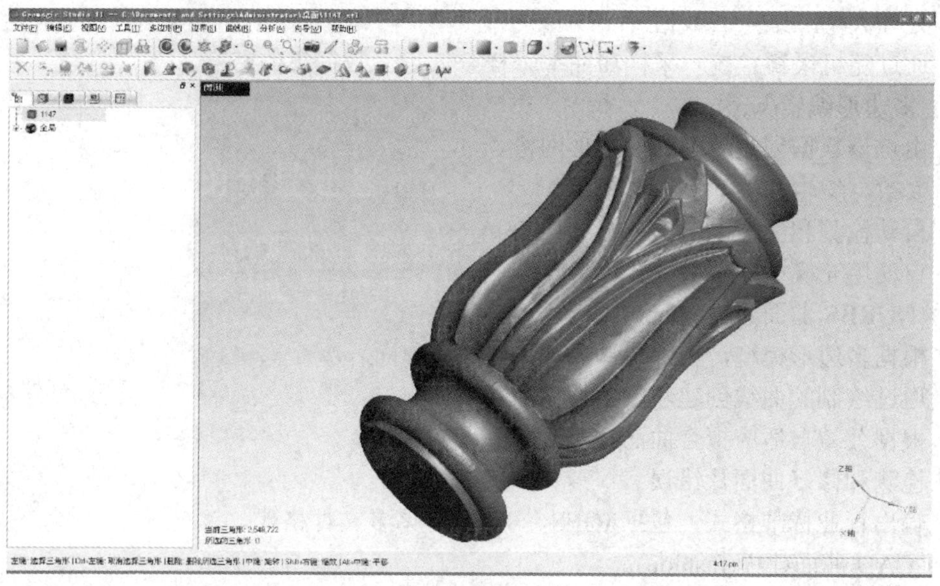

图 3-15　Geomagic Studio 11 操作界面

3．CopyCAD

CopyCAD 是由英国 DELCAM 公司出品的逆向工程软件，能基于已有的实物生成三维模型，该软件功能强大，为生成 CAD 曲面提供了丰富的实用工具。

CopyCAD 拥有多种数据接口，可以接收三坐标测量机、探测仪和激光扫描仪等多种主流扫描设备的测量数据，生成表面形状复杂的三维模型。同时亦可将模型输出为各种通用的数据格式，供快速成型机、CNC 加工中心等多种加工设备所用。

CopyCAD 的界面十分简洁，使初学者可以在尽量短的时间内快速掌握其功能。使用 CopyCAD，用户能通过快速编辑数字化数据生成高质量的复杂曲面，也可以完全控制曲面边界的选取，然后由软件根据设定的公差，自动产生光滑的多块曲面。同时，CopyCAD 还可以确保连接曲面之间的正切连续性。

CopyCAD 的操作界面如图 3-16 所示。

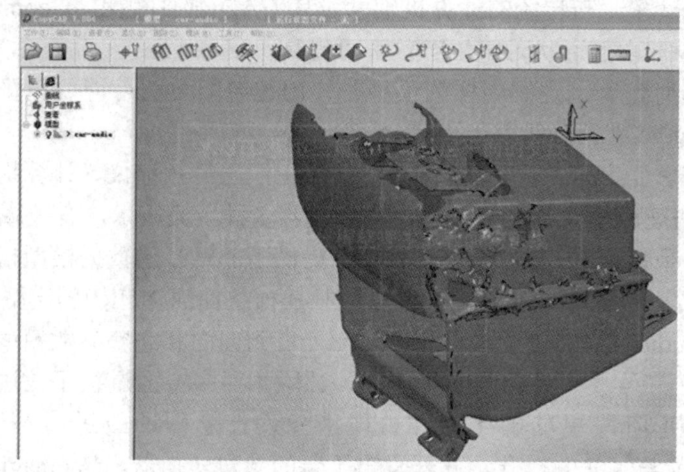

图 3-16　CopyCAD 操作界面

4．Mimics

Mimics 是比利时 Materialise 公司专为处理医学 CT 或 MRI 数据模型而开发的三维图像处理软件，该软件能在几分钟内将 CT 或者 MRI 数据转化为三维模型文件，其操作界面如图 3-17 所示。

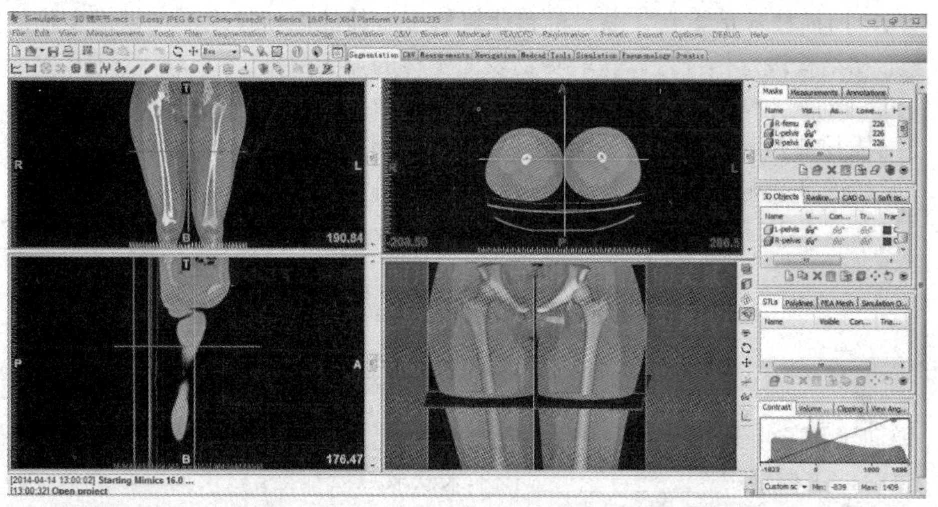

图 3-17　Mimics 操作界面

Mimics 主要具备以下功能：

(1) 图像输入。Mimics 支持多种数据格式，如 Philips、GE、Siemens 等设备系统输出的格式。Mimics 可以直接访问这些设备产生的光盘数据，并自动对数据格式进行检测和识别，然后转换成自身的文件格式，将一组图像储存在相应的项目组里。

(2) 图像处理。Mimics 提供了多种工具，以提高 CT 或 MRI 扫描图像的质量。为方便进行图像处理，Mimics 可以显示三个独立窗口，其中一个窗口显示原始扫描数据，另外两个窗口显示两个正交平面上的重构视图，每个视图的切片都可以实时移动到所希望的任何位置。

(3) 三维重构。在图像处理过程中，Mimics 可以用设定的图像分辨率和过滤器来计算所选定区域的三维模型，得到的结果可在任何一个窗口中显示，用户可以随意旋转这些模型，并将其设置为全透明或者深度渲染。

(4) 快速成型接口。Mimics 可将图像文件直接转换为快速成型设备所需的分层文件格式(如 CLI 格式或 SLI 格式)，其采用了一个复杂的插补算法程序，使扫描数据转化的三维模型具有高精度的曲面复制效果，而强大的自适用滤波功能则可以大大减少文件的尺寸。

(5) 医疗模型制造。作为 CT 或 MRI 扫描仪数据的最终三维呈现，使用 Mimics 生成的模型可用于复杂外科手术的准备和预演，以及定制植入物的设计和制造等。

本 章 小 结

✧　快速成型的三维模型构建方法主要有两种：CAD 直接建模与逆向工程建模。

✧　目前常用的工程设计类三维建模软件主要有 UG、Pro/ENGINEER、CATIA、

SolidWorks、AutoCAD 和 SketchUp 等。

- ✧ 逆向工程就是根据已经存在的实物，反向推出设计数据(包括设计图纸或数字模型)的过程，它利用 3D 数字化测量仪器，准确、快速地测量出实物的轮廓坐标，进行编辑、修改并建构曲面后，再由加工设备将模型制作出来。
- ✧ 3D 扫描技术是集光、电、机和计算机于一体的高新技术，可以对实物的空间外形和结构进行扫描，以获取实物表面坐标的点云数据。
- ✧ 3D 扫描技术主要分为接触式扫描和非接触扫描两种，后者又分为非接触式主动扫描与非接触式被动扫描两种。目前，常用的接触式扫描设备为三坐标测量机；常用的非接触式测量设备为三维激光扫描机。
- ✧ 目前，比较主流的逆向工程软件有 Imageware、Geomagic Studio、CopyCAD 和 Mimics 等。

本 章 练 习

1．逆向工程技术又称为________，它能实现从_________到_________的直接转换。

2．目前，主要使用______________技术来获取点云数据。

3．近年出现的 3D 扫描技术分为__________和___________两种，其中，常用的三坐标测量机使用了___________扫描技术。

4．三维激光扫描机使用___________扫描测量的方法，大面积地获取被测对象表面的高分辨率____________数据。

5．简述逆向工程设计与传统正向设计的区别。

6．简述逆向工程建模的流程。

第 4 章　快速成型技术的数据处理

本章目标

- 掌握快速成型技术的数据处理流程
- 熟悉快速成型技术的数据接口格式
- 了解快速成型技术的数据处理软件
- 掌握数据处理软件分层处理的原理

快速成型产品的制作需要有三维模型支持，但来源于 CAD 软件或逆向工程的三维模型数据必须保存为快速成型系统所能接受的数据格式，并在快速成型前进行叠层方向上的分层处理。大量的数据准备与处理工作对快速成型来说是必不可少的，而这些工作能否顺利完成，直接影响着原型制作的效率、质量和精度。

4.1 数据处理流程

快速成型数据处理是以三维 CAD 模型或其他数据模型为基础，使用分层处理软件将模型离散成截面数据，然后输送到快速成型系统的过程，基本流程如图 4-1 所示。

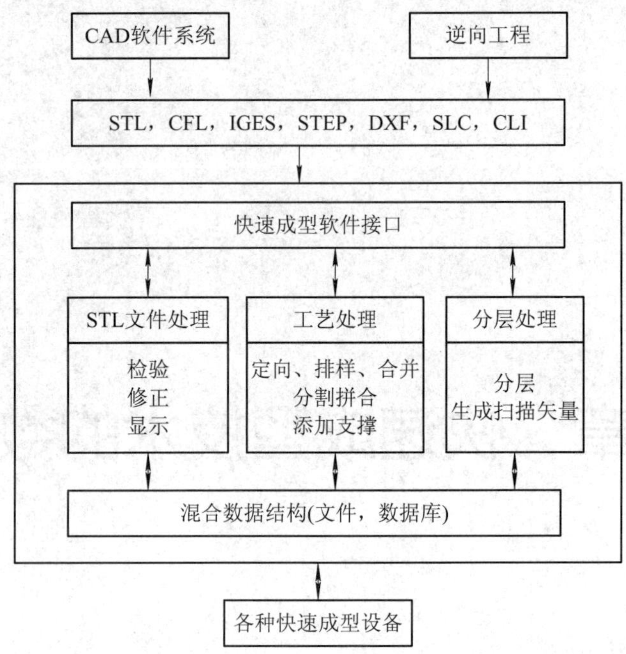

图 4-1　快速成型数据处理的一般流程

由图 4-1 可知，快速成型技术的一般数据处理流程为：将通过 CAD 软件或逆向工程获得的三维模型以快速成型分层软件能接受的数据格式保存，然后使用分层软件对模型进行 STL 文件处理、工艺处理、分层处理等操作，生成模型的各层面扫描信息，最后以快速成型设备能接受的数据格式输出到相应的快速成型设备中。

4.2 待处理数据来源

快速成型使用的数据主要有两种来源：三维 CAD 模型直接构建和逆向(反求)工程建模。现将两种来源各自对应的数据处理方法简述如下。

1. 三维模型直接构建

三维模型直接构建是一种最重要、最常用的快速成型数据来源，即使用 CAD 造型软件，直接构建物体的三维模型。

对于直接构建的三维模型，最常用的数据处理方法是将构建的 CAD 实体模型先转换为三角网格模型(STL 文件)，然后再进行分层，从而获得加工路径。当前主流的快速成型系统是基于 STL 文件进行加工，因此商用 CAD 软件一般都自带输出 STL 文件的功能模块。

2．逆向工程建模

此类数据来源于逆向工程技术对已有实物的数字化，即使用逆向工程测量设备(3D 扫描仪等)采集实物表面信息，形成物体表面的点云数据，并在这些数据的基础上，构建实物的三维模型。

对逆向工程建模的数据处理方法主要有两种：一种是对数据点进行三角化，生成 STL 文件，然后进行分层处理；另一种是对数据点直接进行分层处理。

4.3　数据接口格式

快速成型系统本身并不具备三维建模功能，为得到物体的三维数据，快速成型系统一般都会借助于商用 CAD 软件，但不同的 CAD 软件用来描述几何模型的数据格式并不相同，快速成型系统无法一一适应，导致数据交换和信息共享出现障碍。因此，必须要有一种中间数据格式，作为 CAD 软件与快速成型系统之间的标准接口，该格式应该既能被快速成型系统接受和处理，也能由市面上的大多数 CAD 软件生成。

目前，快速成型业界最常用的三种数据接口格式为：三维面片模型格式，CAD 三维数据格式，二维层片数据格式。

4.3.1　三维面片模型格式

三维面片模型格式的原理是使用大量的小三角面片近似表示自由曲面。常用的三维面片模型格式主要有两种：STL 格式和 CFL 格式。其中，由美国 3D Systems 公司开发的 STL(StereoLithography Interface Specification)文件格式是专为快速成型技术而开发的数据格式，可以被大多数快速成型系统所接受，是快速成型业内应用最多的数据格式，亦被公认为目前快速成型的标准数据接口格式。

STL 格式的文件是对三维 CAD 模型进行表面三角形网格化而得到的，如图 4-2 所示。

(a) 普通三维模型

(b) STL 三维面片模型

图 4-2　普通三维模型与 STL 三维面片模型

1．STL 文件的构成

STL 是一种用许多小三角形平面来近似表示原 CAD 模型曲面的数据模型，此种文件格式将 CAD 模型表面离散化为若干个三角形面片，不同精度时有不同的三角形网格划分方式。

STL 文件是多个三角形面片的集合，数据结构非常简单，而且与 CAD 系统无关。STL 文件中的每个三角形面片都是由三角形的顶点坐标和三角形面片的外法线矢量来表示的，如图 4-3 所示。

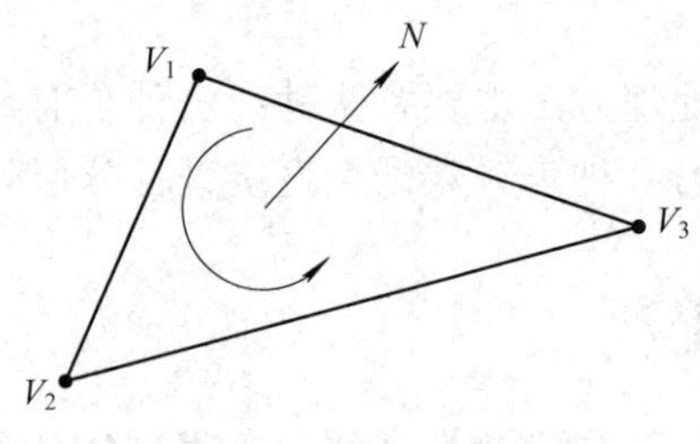

图 4-3　三角形面片

2．STL 文件的格式

STL 文件有文本(ASCII)和二进制(BINARY)两种格式。

1) ASCII 格式

ASCII 格式使用四个数据项表示一个三角形面片信息单元 facet，即三角形的三个顶点坐标，以及三角形面片指向实体外部的法矢量坐标。ASCII 格式的特点是易于人工识别及修改，但因该格式的文件占用空间太大，目前一般仅用来调试程序。

ASCII 格式的语法如下所示：

```
solid name_of_object(整个 STL 文件的首行，给出了文件路径及文件名)
facet normal   x y z(facet normal 是三角形面片指向实体外部的法矢量坐标)
    outer loop(outer loop 说明随后的 3 行数据分别是三角形面片的 3 个顶点坐标)
        vertex x y z(3 个顶点沿指向实体外部的法矢量方向呈逆时针排列)
        vertex x y z
        vertex x y z
endloop
endfacet(在一个 STL 文件中，每一个 facet 都由以上 7 行数据组成)
facet normal x y z
   outer loop
      vertex x y z
      vertex x y z
      vertex x y z
endloop
endfacet
endsolid name of object
```

2) BINARY 格式

BINARY 格式的 STL 文件用固定的字节数记录三角形面片的几何信息，文件起始的 84 个字节是头文件，用来记录文件名；后面逐个记录每个三角形面片的几何信息，每个三角形面片占用固定的 50 个字节。

BINARY 格式的语法如下所示：

# of bytes	description	
80		(有关文件名、作者姓名和注释信息)
4		(小三角形面片的数目)
	facet 1	
4	float normal	x
4	float normal	y
4	float normal	z(以上 3 个 4 字节的浮点数表示三角形面片指向实体外部的法矢量坐标)
4	float vertex1	x
4	float vertex1	y
4	float vertex1	z(以上 3 个 4 字节浮点数表示顶点 1 的坐标)
4	float vertex2	x
4	float vertex2	y
4	float vertex2	z(以上 3 个 4 字节浮点数表示顶点 2 的坐标)
4	float vertex3	x
4	float vertex3	y
4	float vertex3	z(以上 3 个 4 字节浮点数表示顶点 3 的坐标)
2		未用(50 个字节长度，用来描述三角形面片的属性信息)
	facet 2	
4	float normal	x
4	float normal	y
4	float normal	z
4	float vertex1	x
4	float vertex1	y
4	float vertex1	z
4	float vertex2	x
4	float vertex2	y
4	float vertex2	z
4	float vertex3	x
4	float vertex3	y
4	float vertex3	z
	facet 3	
……		

STL 文件格式比较简单，只能描述三维物体的几何信息，而不能描述颜色材质等信

息。三维模型进行表面三角形网格化之后会呈现多面体状，因此需要合理设置输出 STL 格式时的参数值，以改善成型的质量。一般而言，从 CAD 软件输出 STL 文件时，建议将弦高(chord height)、误差(deviation)、角度公差(angle tolerance)等参数的值设置为 0.01 或是 0.02。

3．STL 文件的规范

为保证三角形面片所表示的模型实体的唯一性，STL 文件必须遵循一定的规范，否则这个 STL 文件就是错误的，具体规范如下。

1) 取向规则

STL 文件中的每个三角形面片都由三条边组成，且具有方向性：三条边按逆时针顺序由右手定则可以确定面的法向量，且该法向量应指向所描述实体表面的外侧，相邻三角形的取向不应出现矛盾，如图 4-4 所示。

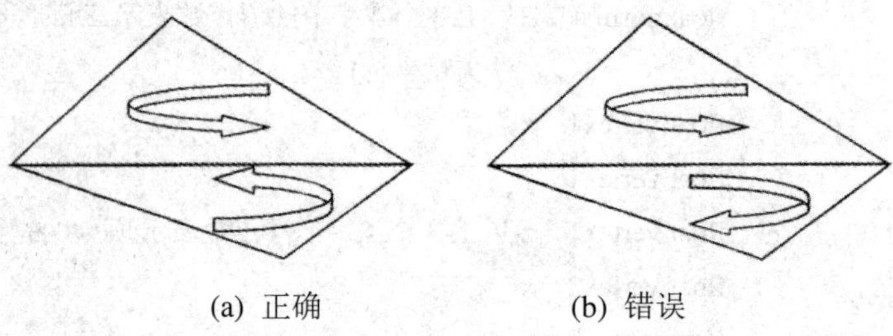

(a) 正确　　(b) 错误

图 4-4　切面的方向性示意图

2) 共顶点规则

相邻的两个三角形面片只能共享两个顶点，即面片的顶点不能落在相邻的任何一个三角形面片的边上，如图 4-5 所示。

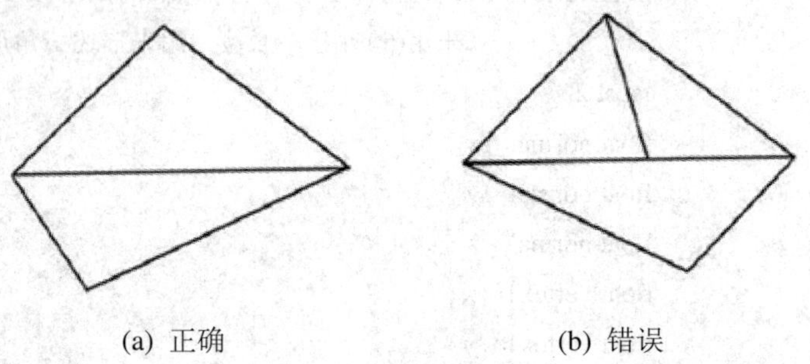

(a) 正确　　(b) 错误

图 4-5　共顶点规则

3) 取值规则

STL 文件的所有顶点坐标都必须是正的，即 STL 模型必须落在第一象限。虽然目前几乎所有的 CAD/CAM 软件都已允许在空间的任意位置生成 STL 文件，但使用 AutoCAD 时还需要遵守这个规则。

4) 充满规则

STL 模型的所有表面都必须布满三角形面片，不得有任何遗漏，即不能有裂纹或孔。

4．STL 文件的优势

STL 文件格式在快速成型领域应用广泛，主要因为它具有以下优势：

(1) 文件生成简单。几乎所有的 CAD 软件皆具有输出 STL 文件的功能，同时还可以控制输出的精度。

(2) 适用对象广泛。几乎所有三维模型都可以通过表面三角网格化生成 STL 文件。

(3) 分层算法简单。STL 文件数据结构简单，分层算法也相对简单得多。

(4) 模型易于分割。当零件很大，难以在成型机上一次成型时，就需要将零件模型分割成多个较小的部分，进行分别制造，而分割 STL 模型相对简单得多。

(5) 接口通用性好。能被几乎所有的快速成型设备接受，已成为业界公认的快速成型数据接口标准。

5．STL 文件的局限

STL 文件的优势源于使用三角形网格来描述三维几何形体的数据处理方式，但这种方式也有其固有的局限，具体如下：

(1) 近似性。STL 模型只是三维 CAD 模型的一个近似描述，并不能十分精确地还原模型的曲面。

(2) 信息缺乏。STL 文件只能无序地列出构成模型表面的所有三角形面片的几何信息，其中并不包含面片之间的拓扑邻接信息，而这些信息的缺乏常会导致信息处理与分层的低效。同时，将三维 CAD 模型转换为 STL 模型之后，还会丢失公差、零件颜色和材料等的信息。

(3) 数据冗余。STL 文件含有大量的冗余数据，因为每个三角形面片的顶点都分属于不同的三角形，所以同一个顶点会在 STL 文件中重复存储多次。

(4) 精度损失。在 STL 文件中，顶点坐标都是单精度浮点型，而在三维 CAD 模型中，顶点坐标一般都是双精度浮点型，会造成一定程度的数据误差。

(5) 错误和缺陷。STL 文件还易出现错误和缺陷，例如重叠面、孔洞、法向量错误和交叉面等。

4.3.2　CAD 三维数据格式

与三维面片模型格式相比，CAD 三维数据格式可以精确地描述 CAD 模型。目前，常用的 CAD 三维数据格式主要有三种，分别为 STEP 标准接口、实体模型格式 IGES 和表面模型格式 DXF。

1．STEP 标准接口

STEP(Standard for The Exchange of Product，产品数据交换标准)是一种产品模型数据交换标准格式。该标准已经成为国际公认的 CAD 数据文件交换全球统一标准，因此被所有 CAD 系统支持。

STEP 格式可以完整描述所交换的产品数据，其信息量完全可以满足从 CAD 软件到快速成型系统的数据转换需要，但是，STEP 格式也包含了许多快速成型系统并不需要的冗余信息，要基于 STEP 格式实现快速成型的数据转换，还需在算法、文件内容的提取等方面进行大量研究工作。

2．实体模型格式 IGES

IGES(Initial Graphics Exchange Specification，初始图形交换规范)是一种商用 CAD 系

统的图形信息交换标准，已经被许多快速成型系统所接受。IGES 的优点在于它是一个通用的标准，几乎可以应用在所有的商用 CAD 系统上，并能使用各种点、线、曲面、体等实体信息来精确地描述 CAD 模型。但 IGES 格式也有缺点：IGES 文件往往会包含大量的冗余信息，而且基于 IGES 格式的切片算法也比基于 STL 格式的切片算法更为复杂。

3．表面模型格式 DXF

DXF(Drawing eXchange File，绘图交换文件)是 Autodesk 公司制定的一种图形交换文件格式，多年来，AutoCAD 一直使用 DXF 格式文件来进行不同应用程序之间的图形数据交换。DXF 格式的文件可读性好、易于被其他程序处理，因此已是工业应用的实际标准之一。但是，DXF 格式文件数据量大，结构较复杂，在描述复杂的产品信息时很容易出现信息丢失问题。

4.3.3 二维层片数据格式

常用的二维层片数据格式主要有两种：SLC 格式和 CLI 格式。

1．SLC 格式

SLC(Stereo Lithography Contour)格式是 Materialise 公司为获取快速成型三维模型分层切片后的数据而制定的一种数据存储格式，三维模型、CT 扫描机扫描获得的数据都可以转换为 SLC 格式进行存储。

SLC 格式是 CAD 模型的 2.5 维的轮廓描述，它由 Z 方向上的一系列逐步上升的横截面组成，这些横截面由内、外边界的轮廓线围合成实体。

SLC 格式的截面轮廓依旧只是对实体截面的一种近似，因此精度不高。此外，该格式的计算较为复杂，文件庞大，生成也比较费时。

2．CLI 格式

CLI(Common Layer Interface)格式是为了解决 STL 文件格式的接口问题而开发的，也可以分为 ASCII 码和二进制码两种格式。获取 CLI 文件的方法有三种：逆向工程数据分层、三维模型直接分层以及 STL 模型分层。

CLI 文件是一系列在 Z 方向上有序排列的二维层面叠加而成的三维实体模型，即用叠加多层信息的方法来表示三维实体模型。与 SLC 文件相似，CLI 文件的每一层都由内、外轮廓线构成，并有一定的厚度，内、外轮廓线通常用多条线段来表示。

通常，CLI 格式是对 STL 模型进行分层处理后保存的文件格式，但也可以直接用作快速成型加工路径的存储格式。与 STL 格式不同，CLI 格式直接对二维层片信息进行描述，因此文件中的错误较少且类型单一，而且文件规模较 STL 文件小得多。但是，由于 CLI 格式把直线段作为基本描述单元，因而降低了轮廓精度，且零件无法重新定向。

CLI 格式广泛应用于分层制造技术和医学 CT 技术，并已在 SLS 与 SLA 快速成型系统中得到应用。

4.4 数据处理软件模块

在快速成型系统中，需要不同的软件来完成不同阶段的特定功能。基于 CAD 模型的

快速成型软件系统由 CAD 造型软件、数据处理软件和监控软件三个部分组成。其中，CAD 造型软件负责构建模型、设计支撑结构并输出中间格式文件；数据处理软件负责读入与检验文件、将数据转换为几何模型、选择成型方向、排样合并、模型实体分层、扫描路径规划(二维轮廓偏置和填充网格)等；监控软件负责输入分层信息、设定加工参数、生成数控代码、控制实时加工等。

快速成型软件系统中的 CAD 软件可借助商用 CAD 造型系统，数据处理与监控软件则一般由快速成型系统厂商自行研发。其中，数据处理软件是整个快速成型软件系统的关键，其效率直接影响到制件的尺寸精度、表面粗糙度、零件强度以及加工时间。

数据处理软件一般包含五个主要模块：STL 文件诊断和修复模块、加工取向模块、分层模块、层片路径规划模块、显示模块。现将各模块的基本功能简述如下。

1．STL 文件诊断和修复模块

STL 文件诊断和修复模块主要是检查和分析 STL 模型文件中存在的错误并进行修复，基于 CAD 模型直接分层的数据处理软件不需要此模块。

2．加工取向模块

零件加工时的成型方向对零件制造的精度有很大影响，因此，在选择零件的成型方向时，要综合考虑加工设备的空间要求、成型效率、添加支撑以及排样合并等因素。

3．分层模块

分层模块是数据处理软件中的关键模块，按照来源数据的格式，可分为 CAD 模型直接分层与 STL 模型分层；按照分层方式，还可分为等厚度分层及自适应分层。

4．层片路径规划模块

层片路径规划模块用于填充分层后得到的截面轮廓，它将界面轮廓向实体区域内偏移一个光斑半径，然后对填充方式进行设计。不同的填充方式会影响零件的精度、强度以及加工时间，因此，选择合理的扫描方式和路径规划可以提高快速成型的成型质量。

5．显示模块

显示模块可以显示每层的轮廓，并与用户进行交互。

针对不同的 CAD 模型来源或者快速成型工艺，可能还需要更多功能模块。例如，用于 FDM 工艺的模型需要添加支撑，因为 FDM 工艺中的支撑结构对于固定零件、保持零件形状、减少翘曲变形是必不可少的。

4.5 数据处理过程

基于 STL 文件的快速成型数据处理主要包括 STL 模型文件处理、快速成型前工艺处理、数据模型的分层处理以及层片扫描路径规划。

一般而言，快速成型的数据处理过程包括以下步骤：① 将 STL 模型文件导入数据处理软件，对模型文件进行处理，主要是查找模型文件的错误并进行修复；② 进行快速成型前的工艺处理，如确定成型方向、添加支撑等，具体的处理方式与成型方法、成型材料及相应的原型后处理过程密切相关；③ 使用分层数据处理软件将模型转化为快速成型设备所能接受的分层文件格式；④ 根据分层的信息，进行层片的扫描路径规划，为最终成

型做好准备。

4.5.1 STL 模型文件处理

快速成型技术对 STL 文件的质量有较高的要求，用于快速成型制造的 STL 模型要无裂缝、无空洞、无悬面、无重叠面或交叉面，如果这些错误存在却得不到纠正，会导致分层处理后产生多种问题(比如出现不封闭的环)，影响快速成型的效率和质量。因此，STL 文件错误的查找和自动修复一直是快速成型软件的重点研究方向。

1. STL 文件常见错误

在快速成型制造领域，STL 模型文件的常见错误主要有以下几种。

(1) 间隙错误(或称空洞)：由三角形面片的丢失引起，当 CAD 模型的表面有较大曲率的曲面相交时，相交部分容易出现因三角形面片丢失而形成的空洞，如图 4-6(a)所示。

(2) 法向量错误：由于生成 STL 文件时三角形顶点记录顺序混乱，导致三角形面片的法向量方向与三角形顶点之间不符合右手法则，如图 4-6(b)所示。

(3) 顶点错误：即三角形面片的顶点落在另一个三角形面片的某条边上，使得两个相邻三角形面片只共享了一个点，违背了 STL 文件的共顶点规则(参考图 4-5(b))。

(4) 重叠和分离错误：主要由计算三角形顶点时的舍入误差造成，如图 4-6(c)所示。

(5) 面片退化：指小三角形面片的三条边共线，常发生在曲率变化剧烈的两相交曲面的相交线附近，主要是因 CAD 软件的三角网格化算法不完善所致，如图 4-6(d)所示。

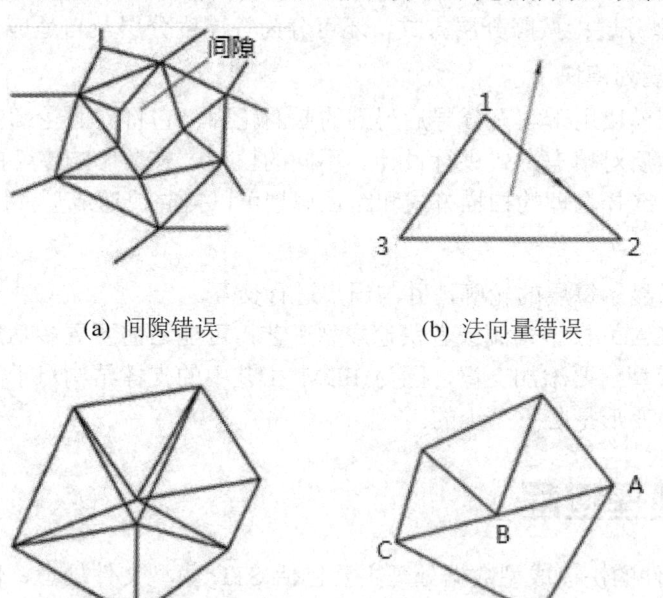

(a) 间隙错误　　(b) 法向量错误

(c) 重叠和分离错误　　(d) 面片退化

图 4-6　STL 模型的几种常见错误

(6) 拓扑信息紊乱：主要由某些细微特征在三角网格化时的自动圆整造成，导致出现如图 4-7 所示的三种不允许出现的情况，有此类错误的 STL 模型必须重建。

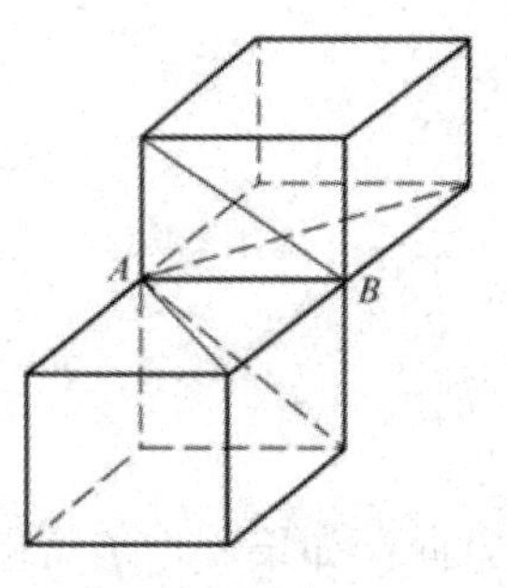

(a) 一条边同属四个三角面片

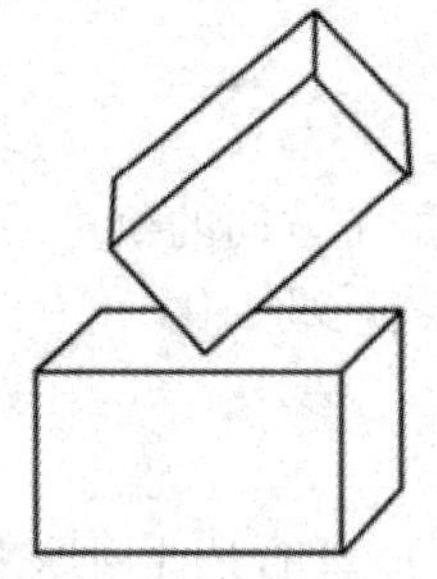

(b) 顶点位于某个三角面片内

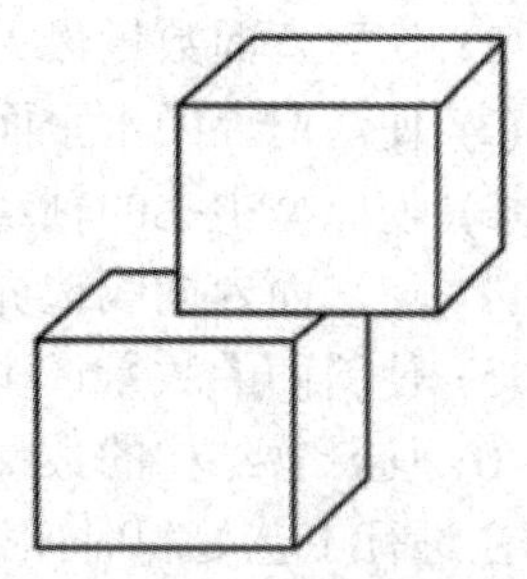

(c) 面片重叠

图 4-7　STL 模型的几种拓扑信息紊乱

2. 错误修复

STL 文件的错误往往源于原始 CAD 模型存在的问题，对于较大的错误，如模型出现空洞、面片丢失等，最好返回 CAD 软件中处理；而对于一些较小的错误，则可使用快速成型数据处理软件提供的自动修复功能进行处理，不需要再返回 CAD 软件重新输出，从而节省纠错时间，提高工作效率。

比利时 Materialise N.V.公司开发的 Magics 软件就是全球知名的 STL 模型处理平台之一，该软件具备强大的 STL 文件编辑和修复功能，并提供了一整套的 STL 文件修复方案，使用该软件修复错误的主要步骤如下：

(1) 导入零件的 STL 数据文件，并对 STL 模型进行分析。

(2) 自动修复法向量错误。

(3) 自动修复损坏的边界。

(4) 修复残留错误。

Magics 软件提供的 STL 修改工具可对 STL 模型进行全局和局部两种层次的修改。全局修改针对整个模型，能自动修复三角形面片的矢量错误、间隙错误、重叠面错误、面片交叉错误等；局部修改允许用户手动逐一修改经自动修复后仍存在的残留错误。当所有的错误三角形面片修复完成后，模型将成为一个连贯的整体。

4.5.2　快速成型前工艺处理

STL 文件修复完成后，还需要进行快速成型前的工艺处理，这些处理包括定向、排样及合并，原型分割拼合，添加支撑三个方面。

1. 定向、排样及合并

在快速成型过程中，成型方向是原型制作精度、时间、成本、强度及所需支撑多少的重要影响因素，因此在成型之前，首先要选择一个最优化的分层(成型)方向，如图 4-8 所示。

图 4-8　手机面板的两种成型方向

选择成型方向主要需考虑以下几条

原则：

(1) 使垂直面数量最大化。

(2) 使法向上的水平面最大化。

(3) 使原型中孔的轴线平行于加工方向的数量最大化。

(4) 使平面内曲线边界的截面数量最大化。

(5) 使斜面的数量最少。

(6) 使悬臂结构的数量最少。

在进行工艺处理时，需要根据原型的具体用途来确定成型方向：如果制作该原型的主要目的是评价外观，那么选择成型方向时，首要考虑的应是保证原型表面的质量；而如果制作原型的主要目的是进行装配检验，那么选择成型方向时，首要考虑的则应是装配结构的成型精度，表面质量可通过后处理的打磨来改善。

排样是根据原型的精度要求和成型设备的加工空间大小，合理安排原型的摆放位置，使成型空间得到最大化利用的一种方法，可以有效提高成型效率，如图 4-9 所示。

图 4-9 原型排样

合并是指将多个 STL 模型合并保存为一个 STL 模型，这样可以同时加工多个模型。一个原型的制作时间是各层制作时间的总和，而每层的制作时间包括扫描时间和辅助时间。由于制作单个原型和多个原型所需的辅助时间基本相近，可以通过一次制作多个原型来减少制作每个原型的辅助时间，提高成型效率。

2. 制件分割拼合

通常来说，当制件的结构过于复杂，或是制件的成型支撑无法去除，又或是制件的尺寸超出了成型机的工作范围时，就需要对制件进行分割与拼合。

Magics 软件拥有对制件进行分割的功能，它使用工具中的分割命令绘制分割线，将制件分割为几个部分，分别打印完成后，再将各部分组装在一起。如果分割参数调节适当，甚至不用胶水就能完成组装，如图 4-10 所示。

(a) 分割后分块制造的部件

(b) 拼合后的制件

图 4-10 制件的分割与拼合

3. 添加支撑

理论上，快速成型技术能够加工任意复杂形状的制件，但层层堆积的成型原理要求制件在成型过程中必须具有支撑。快速成型中的支撑相当于传统加工过程中的夹具，对成型中的制件起固定作用，如图 4-11 所示。

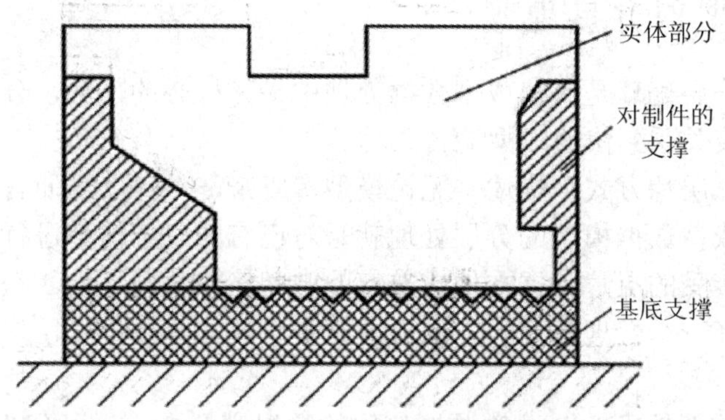

图 4-11　制件的支撑

有些快速成型工艺的支撑是在成型过程中自然产生的，如 LOM 工艺中切碎的纸、SLS 工艺中未烧结的材料以及 3DP 工艺中未黏结的粉末都可以成为后续层的支撑，但对于 SLA 工艺和 FDM 工艺则必须由人工添加支撑，或者通过软件自动添加支撑。

按作用不同，支撑可分为对制件的支撑和基底支撑两种。

对制作的支撑是为了避免制件某部位出现悬空而发生塌陷或变形，影响制件的成型精度，或者导致无法成型。

基底支撑的主要作用有以下三个方面：

(1) 便于将制件从工作台上取出。

(2) 保证预成型的制件处于水平位置，消除工作台不平整引起的误差。

(3) 有利于减小或消除翘曲变形。

添加支撑时，需考虑以下因素：

(1) 支撑的添加方法有手工添加和软件自动添加两种。手工添加法因质量难以保证、工艺规划时间长且不灵活，目前已很少使用。

(2) 支撑的强度和稳定性。支撑是为原型提供支撑和定位的辅助结构，良好的支撑必须具有足够的强度和稳定性，使自身和承载的原型不会变形或偏移，保证零件原型的精度和质量。

(3) 支撑的加工时间。支撑加工必然要耗费一定时间，在满足支撑作用的前提下，加工时间越短越好，因此，在满足强度的前提条件下，支撑应尽可能小，也可加大支撑的扫描间距，从而减少支撑成型时间。

目前，许多 FDM 成型机已经采用双喷头进行成型：一个喷头加工实体材料；另一个加工支撑材料。实体材料和支撑材料类型并不相同，如此不仅可以节省加工时间，也便于去除支撑材料。

(4) 支撑的可去除性。制件制造完成后，需将支撑和本体分开。如果制件和支撑黏结过分牢固，不但不易去除，还会降低制件的表面质量，甚至可能在去除时破坏制件。显然，支撑与制件结合部分越小越容易去除，故两者的结合部位应尽可能小。在不发生翘曲变形的前提下，建议将结合部分设计成锯齿形以方便去除。

目前，FDM 工艺普遍使用水溶性支撑材料，成型完毕后将制件置于水中，支撑即可融化，去除非常方便。

4.5.3 数据模型的分层处理

对数据模型的分层处理是快速成型数据处理中最为核心的部分，分层处理的效率、速度及精度的高低直接关系到快速成型能否成功。

分层是将模型以层片方式来描述，无论模型多复杂，对每一层而言都只是一组二维轮廓线的集合。快速成型数据模型的分层处理就是对已有的三维模型进行分层，将其转换为快速成型系统所能接受的层片数据文件或兼容的中间格式数据文件。在对模型进行分层处理之前，首先要选择一个合理的分层方向以及一个合适的分层厚度，这两者是影响分层处理结果的重要因素。

快速成型数据处理技术的分层算法按使用的数据模型格式，可分为基于 STL 模型的分层和 CAD 模型直接分层；按照分层方法，则可分为等厚度分层和自适应分层。

1. 基于 STL 模型的分层

由于 STL 格式简单，便于进行数据处理，且大多数 CAD 系统都提供 STL 文件接口，因此，目前基于 STL 模型的分层应用最为广泛。

STL 模型的分层处理过程实际上是一系列分层平面与 STL 模型求交的过程，具体分为三步：① 分析 STL 模型中的每一个三角形面片与分层平面的位置关系；② 根据这一关系，将两个平面求交并计算交线；③ 将计算出的交线连接成截面轮廓线。例如，设 Z 轴的轴向为分层方向，分层厚度为 ΔZ，STL 模型在 Z 轴上的坐标最小值和最大值分别为 Z_{min} 和 Z_{max}，则模型的分层过程如图 4-12 所示。

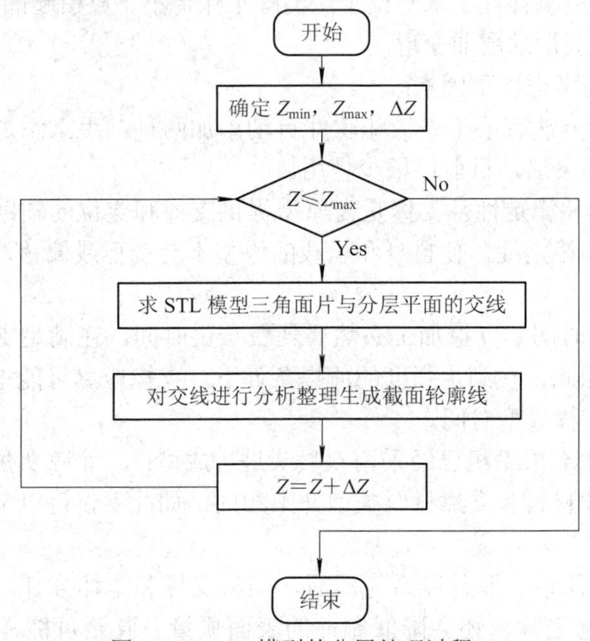

图 4-12　STL 模型的分层处理过程

由于 STL 模型的表面是由一个个三角形面片组成，因此，当两个相邻的分层平面切在同一个三角形面片上时，就会在该三角形面片上形成阶梯，如图 4-13 所示。

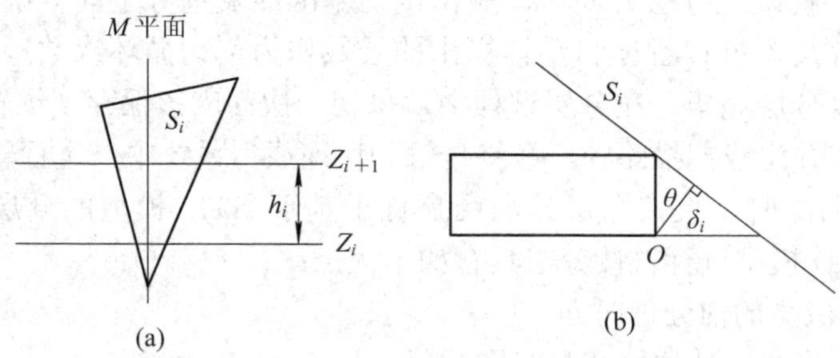

图 4-13　三角形面片分层高度和阶梯高度的关系

三角形面片分层后形成的阶梯高度与分层高度间的关系可用以下公式表示：

$$\text{阶梯高度}\ \delta_i = h_i \cos\theta$$

其中，S_i 为轮廓表面的一个三角形面片；h_i 为相邻两分层平面之间的距离(分层厚度)；θ 是三角形面片法向和分层平面法向(成型方向)的夹角；δ_i 是 O 点到 S_i 三角形面片的垂线高度(阶梯高度)。

由上面的公式可以看出：当三角形面片的法向一定时，分层厚度越大，阶梯高度越大，原型表面越粗糙；分层厚度一定时，三角形面片法向与分层平面法向(成型方向)的夹角 θ 是影响所形成的阶梯高度的直接因素；当 θ 为 90°时，该三角形面片上不形成阶梯，此时层片轮廓是对该处实体轮廓的精确拟合。

在工业应用中，保持从概念设计到最终产品的一致性非常重要。很多情况下，原始的 CAD 模型能够精确地表达设计意图，但转换成 STL 文件时的三角形网格化处理就降低了模型的精度。虽然对于方形物体而言，用 STL 格式表示的模型精度还比较高，但对于圆柱形、球形物体来说，用 STL 格式表示的模型精度就不尽如人意了，因此，直接从 CAD 模型中获取截面描述信息的 CAD 模型直接分层算法应运而生。

2. CAD 模型直接分层

与基于 STL 文件的分层相比，直接对原始 CAD 模型进行分层更容易获得高精度的模型，而 CAD 模型的直接分层算法可以从任意复杂的三维 CAD 模型中直接获得分层数据，并将其存储为快速成型系统能接受或兼容的格式文件，驱动快速成型系统工作，完成原型加工。基于 STL 模型的分层与 CAD 模型直接分层的比较如图 4-14 所示。

(a) 基于 STL 模型的分层

(b) 基于 CAD 模型直接分层

图 4-14　STL 格式与 CAD 格式模型分层

对 CAD 模型直接分层，就是用一组平行的分层平面对三维 CAD 模型进行分层，其实质是将分层平面与三维 CAD 模型相交并记录下交线数据，也就是所需的二维轮廓数据。具体步骤为：在确定分层方向后，做出剖切基准线及剖分平面，确定相关尺寸(包括实体高度、分层厚度，并以程序自动计算出的层数作为剖切循环次数)，然后开始分层，程序自动循环直至分层完毕。在分层过程中，每切一次都应该保存二维轮廓数据，以供后置的编程软件读取并生成扫描路径，最终传输到快速成型系统中，进行轮廓加工。

在加工高次曲面时，直接分层方法明显优于基于 STL 模型的分层方法。相比较而言，使用原始 CAD 模型进行直接分层具有如下优点：

(1) 减少快速成型的前处理时间。

(2) 无需 STL 格式文件的检查和纠错过程。

(3) 降低模型文件的规模，对于远程制造时的数据传输非常重要。

(4) 直接采用快速成型数控系统的曲线插补功能，提高制件的表面质量。

(5) 提高制件的精度。

对原始 CAD 模型直接分层的做法也存在一些潜在的问题与缺点，简述如下：

(1) 难以为模型自动添加支撑，且需要复杂的 CAD 软件环境。

(2) 文件中只有单个层面的信息，没有体的概念。

(3) 在获得直接分层文件之后，就不能重新指定模型加工方向或旋转模型，因此要求设计者具备更专业的知识，在设计时就考虑好支撑的添加位置，并明确最优的分层方向与厚度。

基于 CAD 模型直接分层的处理对象是精确的三维模型，因此可以避免许多 STL 格式的局限性所导致的问题，但由于各类 CAD 系统之间往往不兼容，造成 CAD 模型直接分层法的通用性较差，目前正在研究改进之中。

3. 等厚度分层

等厚度分层就是用等间距的平面对数据模型进行分割，并计算每一个分割平面与数据模型的交线，最终得到的封闭交线就是每一层截面的轮廓边界。对三维 CAD 模型来说，是等间距的分层平面与零件几何模型的交线；而对 STL 模型来说，是等间距的分层平面与若干小三角形平面之间的交线，形成的轮廓线则由这一系列交线的线段集表示，如图 4-15 所示。

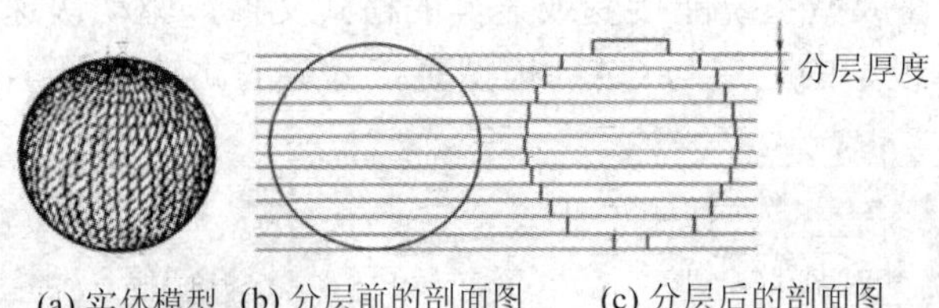

(a) 实体模型　(b) 分层前的剖面图　(c) 分层后的剖面图

图 4-15　等厚度分层

从图 4-15(c)中可以看出，快速成型的叠加制造原理会不可避免地导致原型表面出现所谓的“阶梯效应”，这种阶梯效应会对制件的某些性能造成影响，主要体现在以下三个方面。

1) 对制件结构强度的影响

对壳体制件的等厚度分层会导致圆角处层与层之间的结合强度下降，但如果都采用最薄的厚度切片，则加工时间会成倍增加。

2) 对制件表面精度的影响

分层的厚度会导致制件出现阶梯状表面，影响制件表面的光滑度，使制件表面质量变差。

3) 阶梯效应导致的制件局部体积缺损(或增加)

圆角过渡表面的法向量与成型方向夹角越小，制件的体积缺损就越严重，如图 4-16 所示。

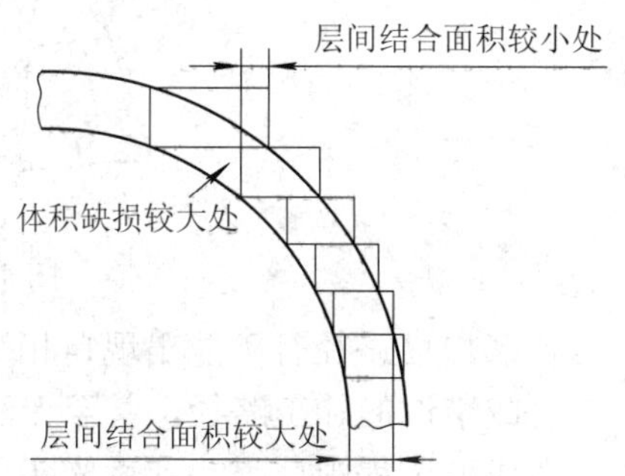

图 4-16　阶梯效应对制件体积的影响

4．自适应分层

自适应分层法是为了解决等厚度分层法存在的问题而出现的，它可以根据制件轮廓的表面形状自动改变分层厚度，以满足制件表面的精度要求：当制件表面倾斜较大时，选择较小的分层厚度以提高成型精度；反之，则选择较大的分层厚度以提高加工效率。自适应分层与等厚度分层方法的比较如图 4-17 所示。

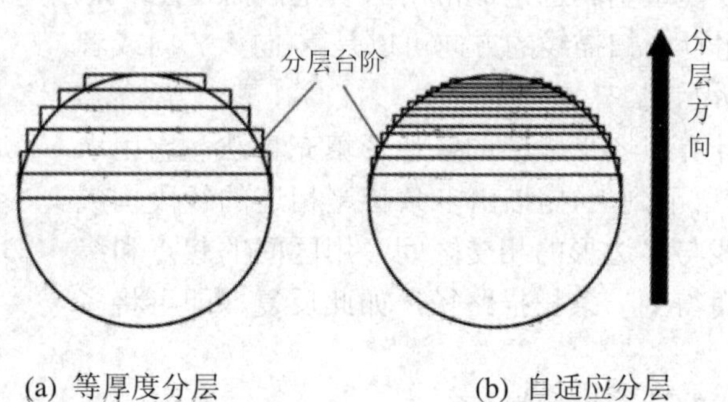

(a) 等厚度分层　　(b) 自适应分层

图 4-17　等厚度分层与自适应分层

目前，自适应分层算法可归纳为两类：一类是基于相邻层面积变化的算法；另一类是基于分层高度处三维实体轮廓表面曲率的算法。

基于相邻层面积变化的自适应分层算法即根据相邻两个层片的面积变化情况来决定分层高度，在当前层片与前一层片面积比的绝对值大于(小于)一定值时，则改变分层厚度。

基于分层高度处三维实体轮廓表面曲率的算法即在确定某一层的分层高度时，首先计算系统允许的最大分层高度下的各相交三角形面片上生成的最大阶梯高度，当最大阶梯高度大于所要求的值时，则减小分层高度，直到所选取的分层高度使得所有相交三角形面片上生成的最大阶梯高度都小于一定值时，就将此高度值作为这一层的分层高度。由上可见，这种算法需要进行非常多次的试切处理，会增加大量计算，影响处理速度。

4.5.4　层片扫描路径规划

三维模型经过分层处理后得到的只是模型的截面轮廓，在后续处理过程中，还需要根据这些截面轮廓信息生成扫描路径，包括轮廓扫描的路径和填充扫描的路径，如图 4-18 所示。

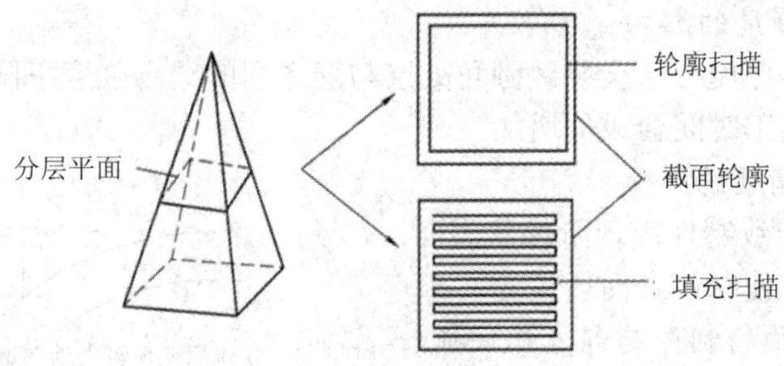

图 4-18　截面轮廓的扫描路径

轮廓扫描路径有可能出现自相交，形成无效环，如果不对这些无效环进行处理，就有可能生成错误的加工路径，甚至无法生成填充扫描路径，严重影响制件的尺寸和形状。

在成型过程中，喷头或激光头会以一定扫描路径对轮廓内部的实体进行填充，这一过程称为填充扫描，占用了快速成型加工的大多数时间，而在一个封闭轮廓区域内进行填充扫描时，有以下几种扫描路径可供选择。

1. 平行扫描

平行扫描是快速成型最基本也是最常用的填充扫描路径，采用此种路径进行填充扫描时，所有的扫描线均平行，扫描线的方向可以是 X 向、Y 向或者 XY 双向，如图 4-19 所示。

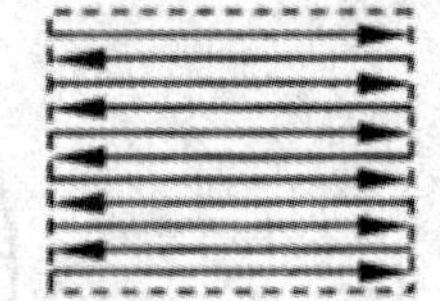

图 4-19　平行扫描路径

平行扫描类似于计算机图形学中的多边形填充算法，它用水平扫描线自上到下(或自下到上)扫描由多条首尾相连的线段构成的多边形，计算扫描线与多边形的相交区间，用区间的起点和终点控制扫描长度，从而得到一条扫描路径，如此反复，即可将多边形的区域填充完毕。

对单独一条扫描线的计算步骤为：

(1) 求交——计算扫描线与多边形各边的交点。

(2) 排序——将所有的交点按递增顺序进行排序。

(3) 交点配对——将排序后的交点配对(如第一个与第二个配对，第三个与第四个配对，等等)，每对交点代表扫描线与多边形的一个相交区间。

(4) 扫描线生成——由已经配对的起点和终点得到区域内的一条扫描路径。

平行扫描算法简单且容易实现，但也有一些缺点：首先，扫描过程中的启停次数会随制件的复杂程度而增加，比如 SLS 设备都有光开关，当扫描到制件实体部分时光开关打开，扫描到非实体部分时光开关则关闭，而频繁的开关操作会有损激光器寿命；其次，平行扫描是沿一个方向将一整个层片扫描完毕，每条扫描线的方向相同，这就意味着每条扫描线的收缩应力方向一致，增加了翘曲变形的可能性。

2. 分区域扫描

平行扫描虽然简单易行，稳定可靠，但扫描效果较差，制件极易产生翘曲变形，而用于激光扫描时，不仅会在扫描中产生大量空行程，而且需要不断地开闭激光器，效率较低。

分区域扫描在一定程度上克服了扫描线过长与激光器频繁开关这两个问题。它将整个

层片划分为若干个区域，然后在划分好的区域内分别进行往返扫描，填充完一个区域后，再进行下一个区域的填充，如图 4-20 所示。分区域扫描可以显著提高制件的成型效率，在制件的精度、强度均能满足要求的情况下，应优先选用此种高效的扫描方式。

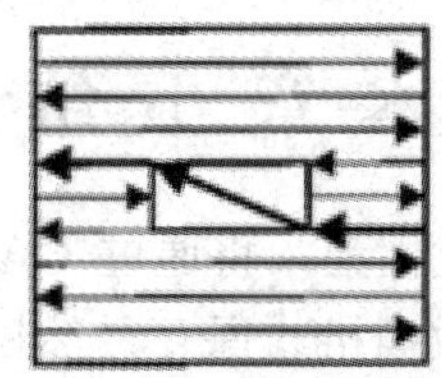

图 4-20　分区域扫描路径

分区域扫描遇到空行程时，扫描线会在局部区域折返扫描，这种方式可以大量减少空行程，但仍不能完全克服平行扫描导致的翘曲变形。因为分区域扫描虽然将一个大的层片分成了若干个小区域，区域之间的转移通过跳转实现，但对于每个小区域来说，该方式仍然采用了平行扫描路径。所以，分区域扫描虽然可以使原型的总体收缩应力有所减小，但在每个小区域中仍然存在平行扫描的缺陷。

3．偏置扫描

偏置扫描沿平行于轮廓边界的方向进行，即沿每条边的等距线扫描，如图 4-21 所示。

图 4-21　偏置扫描路径

理论上，偏置扫描较前几种扫描路径要好。首先，偏置扫描的扫描线会在扫描过程中不断改变方向，使得由于收缩而引起的内应力方向分散，减少翘曲的可能；其次，偏置扫描在某一方向上的扫描长度较短，因而在收缩率相同的条件下，扫描的收缩量较小；最后，偏置扫描的扫描头可以连续不断地走完一层的每个点，因此可以不需要开关，减少启停次数。

4．分形扫描

如图 4-22 所示，分形扫描的扫描路径由短小的折线组成，它克服了平行扫描中单向扫描和扫描线过长的缺点，使扫描过程中温度均匀，减少了产生翘曲变形的应力，但该方法的扫描速度较慢，激光需要频繁加/减速，精度不高，而且也存在平行扫描频繁跨越非实体空腔的缺点。

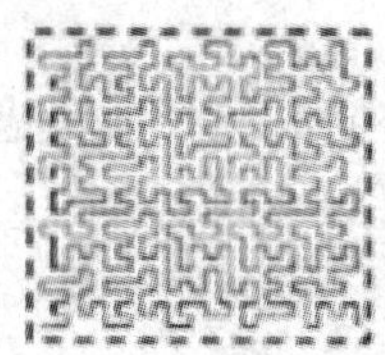

图 4-22　分形扫描路径

实践证明，选择不同的扫描路径，对制件的成型精度、表面质量、内部性能和成型速度都有着很大影响，因此，如何根据模型分层信息规划最合理的扫描路径，在快速成型的加工过程中起着至关重要的作用。

本 章 小 结

✧ 快速成型技术的一般数据处理流程为：将通过 CAD 软件或逆向工程获得的三维模型以快速成型分层软件能接受的数据格式保存，然后使用分层软件对模型进行 STL 文件处理、工艺处理、层片文件处理等操作，生成模型的各层面扫描信息，最后以快速成型设备能接受的数据格式输出到相应的快速成型设备中。

✧ 快速成型业界最常用的三种数据接口格式为：三维面片模型格式，如 STL 格式和 CFL 格式；CAD 三维数据格式，如 STEP 格式、IGES 格式和 DXF 格式；二维层片数据格式，如 SLC 格式和 CLI 格式。

✧ 快速成型的数据处理主要包括以下内容：STL 模型文件处理、快速成型前工艺处理、数据模型的分层处理以及层片扫描路径规划。

✧ 对数据模型的分层处理是快速成型数据处理中最为核心的部分，分层处理的效率、速度及精度的高低，直接关系到快速成型能否成功。

✧ 快速成型数据处理技术中的分层算法按照使用的数据格式可分为基于 STL 模型的分层和 CAD 模型直接分层；按照分层方法可分为等厚度分层和自适应分层。

✧ 三维模型经过分层处理后得到的只是模型的截面轮廓，在后续处理过程中，还需要根据这些截面轮廓信息生成扫描路径，包括轮廓扫描的路径和填充扫描的路径。填充扫描主要有平行扫描、分区域扫描、偏置扫描和分形扫描四种路径。

本 章 练 习

1．三维面片模型格式主要有________和________两种，其中，由美国 3D Systems 公司开发的________文件格式已被业界公认为目前快速成型数据的标准接口格式。

2．快速成型的数据处理主要包括__________、__________和__________以及__________。

3．快速成型前的工艺处理一般包括_________、_________和_________三个方面。

4．三维模型经过分层处理后得到的只是模型的截面轮廓，在后续处理过程中还需要根据__________生成扫描路径，包括_________路径和_________路径。

5．常用的填充扫描路径主要有以下几种：_________、_________、_________和分形扫描路径。

6．简述快速成型过程中，成型方向的选择应考虑哪些因素。

7．简述等厚度分层和自适应分层的不同之处。

第 5 章　快速成型技术的精度

本章目标

- 掌握光固化成型工艺的精度影响因素
- 掌握熔融沉积成型工艺的精度影响因素
- 掌握选择性激光烧结成型工艺的精度影响因素
- 了解三维印刷成型工艺的精度影响因素
- 了解分层实体制造成型工艺的精度影响因素

快速成型的精度主要与机器精度及制件精度有关，机器精度是保证制件精度的基础，但制件的精度不仅决定于机器的精度，还与数据处理精度、材料性能、成型工艺及后处理都有极大关系，本章将分别介绍各主要快速成型技术的精度影响因素及处理方法。

5.1 立体光固化成型工艺(SLA)的精度

影响 SLA 工艺精度的因素主要有数据处理误差、机器误差、成型误差以及后处理误差四个方面。

5.1.1 数据处理误差

所有的快速成型工艺都会受到数据处理误差的影响，该误差通常是因三维模型在离散化的过程中丢失部分信息而造成的，主要包括三维模型数据转化为 STL 文件时产生的误差与分层切片过程中产生的误差两类。

1. 三维模型转化为 STL 文件产生的误差

STL 文件是三维模型经过三角网格化处理后得到的数据文件，它将模型的表面离散化成大量的三角形面片，然后使用这些三角形面片来近似表示理想的三维模型，逼近的精度通常由曲面到三角形面片的距离误差或是曲面到三角形边的弦高差来控制，如图 5-1 所示。

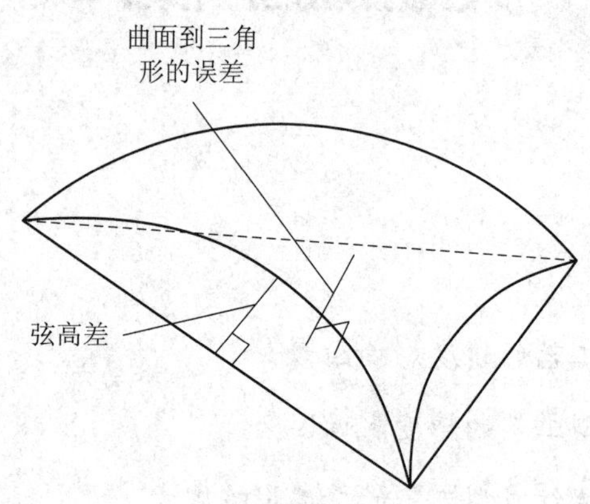

图 5-1 三角形面片近似表示自由曲面的误差

STL 文件用有限的三角形面片的组合来近似表示原始三维模型表面的做法，本质上是原始模型的一阶近似，由于它不包含邻接关系信息，不可能完全表达原始设计意图，因此无法避免误差。

不同 CAD 系统输出 STL 文件时的精度控制参数是不一致的，反映 STL 文件接近三维模型程度(即 STL 文件精度)的根本指标表面上是离散出的三角形面片数量，实际上则是三角形面片近似表示曲面时的弦高差大小。下面以具有典型形状的圆柱体和球体为例说明这一点，如表 5-1 和表 5-2 所示。

表 5-1　用三角形面片近似表示圆柱体的误差

三角形数目	弦高差(%)	表面积误差(%)	体积误差(%)
10	19.1	6.45	24.23
20	4.89	1.64	6.45
30	2.19	0.73	2.90
40	1.23	0.41	1.64
100	0.20	0.07	0.26

表 5-2　用三角形面片近似表示球体的误差

三角形数目	弦高差(%)	表面积误差(%)	体积误差(%)
20	83.49	29.80	88.41
30	58.89	20.53	67.33
40	45.42	15.66	53.97
100	19.10	6.45	24.32
500	3.92	1.31	5.18
1000	1.97	0.66	2.61
5000	0.39	0.13	0.53

从表 5-1、表 5-2 中的数据对比可以看出：对于同一个模型而言，随着三角形面片数目的增多，同一模型用 STL 格式近似表示的精度会显著提高；但对于形状不同的两个模型而言，达到相同精度所需的三角形面片数目会有很大差异。

虽然在理论上，精度要求越高，三角形面片数量就应该越多，生成的 STL 模型文件也就越能趋近于原始三维模型的形状，但是对于面向快速成型制造的 STL 文件而言，过高的精度其实是不必要的：首先，过高的精度有可能超过快速成型设备能达到的精度上限；其次，三角形面片数量的增加会使得 STL 文件过大，不仅增加计算机存储负担，也会显著增加分层处理的时间；另外，过高的精度还会导致模型截面轮廓出现许多小直线段，不利于轮廓的扫描，导致制件表面不光滑且成型效率降低。因此，在将三维模型输出为 STL 文件时，选取的精度指标和控制参数应该综合考虑模型的复杂程度以及制件的精度要求。

2. 分层切片误差

在快速成型技术的数据处理过程中，需要对三维模型进行分层切片操作。由于分层具有一定的厚度，因此对微小的结构进行分层时难免会造成数据的丢失，导致制件在形状和尺寸上出现误差，如图 5-2 所示。

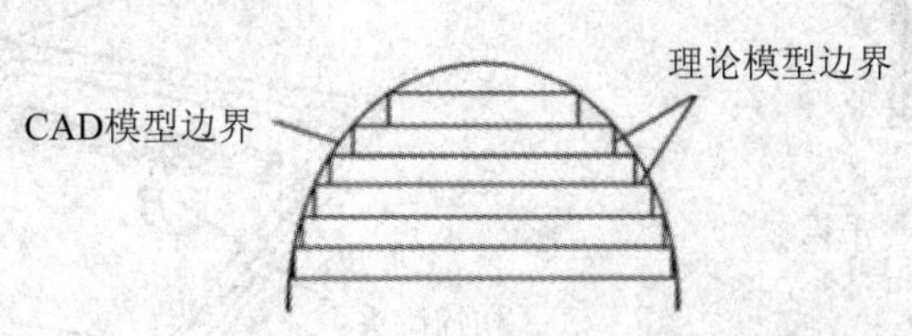

图 5-2　快速成型过程中的阶梯误差

众所周知，分层的厚度决定了制件的精细程度：分层厚度越大，丢失的信息越多，制件的精度也越低，表现为无法对制件的局部细微结构实现准确成型。另外，分层厚度会导致制件出现阶梯状表面，如图 5-2 所示。由此产生的误差属于快速成型技术的固有误差，是影响制件表面质量的一个重要因素：对于同一制件，分层厚度越大，所需加工层数越少，加工效率越高，但表面质量越差；反之，分层厚度越小，则加工效率越低，但表面质量越好。显然，加工效率和制件表面质量是一对矛盾。

由于目前快速成型系统普遍采用等厚度分层的数据处理方法，因此这一矛盾很难得到解决：要想提高加工效率，就要加大分层厚度，但这会导致面片上的阶梯高度增加，降低制件表面质量；而要提高制件表面质量，就要降低分层厚度，但这会导致加工时间延长，并降低加工效率。因此，需要考虑尝试采用不同的切片方法来减小误差，如根据制件的几何形状进行分层方向优选，或者采用自适应分层等方法。

5.1.2 机器误差

机器误差即快速成型设备的机械系统所产生的误差。机械系统作为快速成型的直接执行部分，其产生的误差是影响制件精度的原始误差。机器误差可以在设计之初通过机械优化得到改善，因此在成型设备的设计及制造过程中应尽量减小此类误差，打牢制件精度提高的硬件基础。

由于不同快速成型工艺使用的是不同的机械系统，因此机器误差的种类也各有特点。SLA 成型设备的机器误差主要有以下两种。

1．托板在 Z 方向上的运动误差

SLA 快速成型机的升降系统如图 5-3 所示。其中，托板的升降运动即是 Z 方向的运动，该方向的运动误差会直接影响堆叠成型过程中的层厚精度，最终导致制件在 Z 方向上的尺寸误差；而托板在垂直面内的运动直线度误差在宏观上会造成制件的形状、位置误差，微观上则会导致制件的表面粗糙度增加(层层堆积产生的“错位”)。

托板在 Z 方向上的运动误差主要是由该方向上的传动方式以及精度控制问题导致的，因此若要改善该误差，可以选用精密导轨、高品质的滚珠丝杠以及伺服控制系统，确保 Z 方向上的运动定位具有一个较高的精度。

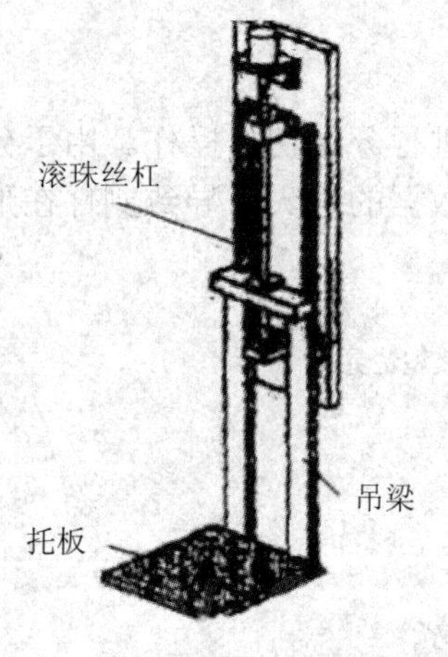

图 5-3　成型机的升降系统

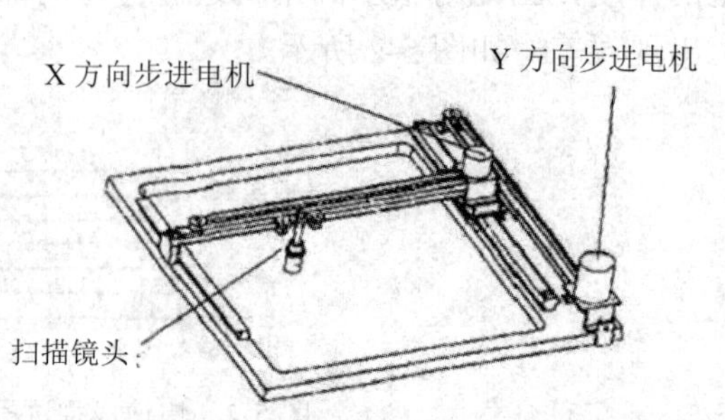

图 5-4　成型机的 X-Y 扫描系统

2．X-Y 方向定位误差

SLA 成型设备的 X-Y 扫描系统如图 5-4 所示。对于使用步进电机驱动的开环驱动系统而言，步进电机本身的运动精度、机械系统的传动精度等都直接影响 X-Y 扫描系统的运动和定位的准确性，从而进一步影响制件的尺寸精度与表面光洁度。因此，选用各方面性能更加优良的步进电机(如体积小、力矩大、低频特性好的混合式步进电机)，可以有效平滑 X-Y 扫描系统的运动轨迹，使成型精度提高。

5.1.3　成型误差

成型误差即在快速成型过程中所产生的误差。SLA 工艺的成型误差主要有光斑直径产生的误差与材料变形引起的误差。

1．光斑直径产生的误差

SLA 成型时，使用的光点是一个光斑，不能将光斑近似为光束能量聚集的光点，因为光斑具有一定的直径，而光能量是分布在整个光斑范围内的，实际成型的制件轮廓是由光斑中心运行轨迹上一系列的固化点包络形成，固化的线宽大小则等于在特定扫描速度下的实际光斑直径大小。

如图 5-5 所示，虚线部分是制件的设计轮廓，但在成型过程中，光斑中心沿虚线运动形成的实线部分才是制件在成型后的实际轮廓。

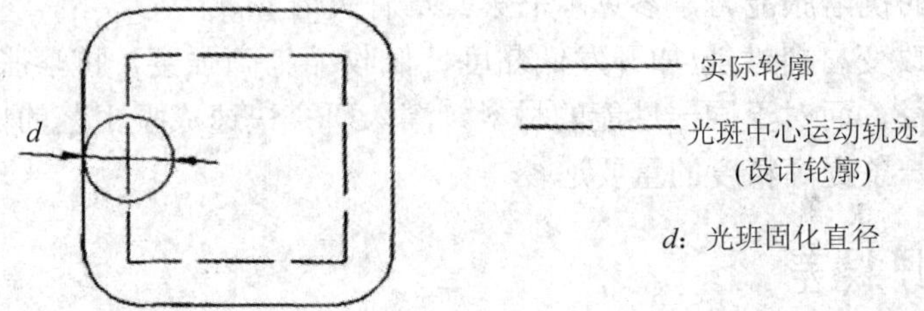

图 5-5　光斑对制作精度的影响

显然，光斑直径的存在，使实际成型的制件比设计时的尺寸每侧都大了一个光斑半径，出现了正偏差；同时，光斑还会在制件拐角处形成圆角，导致拐角钝化，使制件的轮廓形状变差、精度降低，也使得一些小尺寸的制件无法使用大直径的光斑加工。

为减小或消除这一误差，应采用光斑补偿的方法，即修改制件的三维模型的设计尺寸，使光斑扫描路径向实体内部缩进一个光斑半径，与光斑直径的增加量相互补偿。理论上说，光斑沿着向实体内部缩进一个光斑半径的路径扫描，所得制件的尺寸误差应为零。但实际上，光斑直径并不容易控制，而且有的快速成型设备尚无光斑测量装置，所以实际的光斑直径大小往往不能直接测量，而只能根据制件的误差大小来补偿直径的大小，使补偿的直径大小等于实际光斑的直径。

2．材料收缩及溶胀引起的误差

在 SLA 成型过程中，材料的收缩变形是导致制件尺寸出现误差的一个主要原因。SLA 工艺常用的材料是光敏树脂，而树脂在从液态到固态的聚合反应过程中会产生线性收缩，线性收缩会导致在层堆积时产生层向应力，使制件翘曲变形，导致精度丧失，如图

5-6 所示。

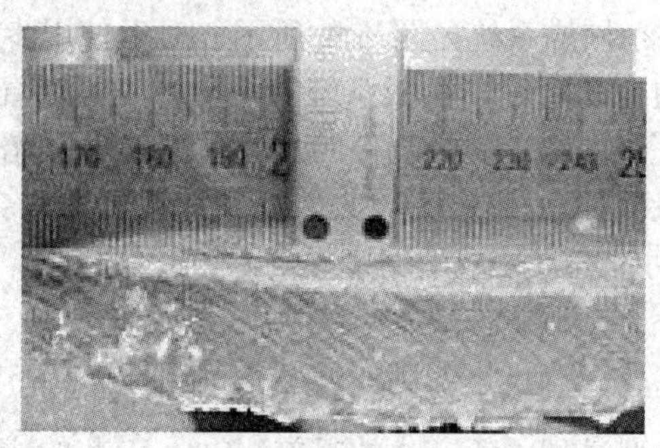

图 5-6 树脂收缩引起制件翘曲变形

树脂收缩变形的机理极为复杂，其收缩的程度不仅与材料本身的特性(材料成分、光敏性、聚合反应的速率等)有关，还与激光强度及分布、激光扫描参数(如扫描速度、扫描方式、扫描间距)有关，而收缩引起的变形程度又与制件的几何形状有关，因此，必须对成型过程中的相关参数进行优化，才能达到较高的制件精度。

此外，树脂固化后的溶胀性对制件精度也有较大影响。由于 SLA 成型过程一般需要几个小时至几十个小时才能完成，在此期间，先期固化部分会长时间浸泡在液态树脂中，很容易出现溶胀现象，如尺寸变大、近表层强度下降等。因此，用于 SLA 成型的树脂材料必须具有较强的抗溶胀能力，参见本书第二章有关内容。

实践表明，改变材料性能(如开发低黏度、低收缩、高强度，抗溶胀的树脂)是提高制件精度的根本途径，而对于同一性能的材料，深入研究快速成型工艺的机理、合理优化制作工艺参数也是一条提高精度的重要途径。

5.1.4 后处理误差

使用 SLA 成型完毕的制件从成型设备中取出后，需要剥离支撑，有时还需要进行后固化、修补、打磨、抛光及表面处理等工序，这些工序统称为后处理。不当的后处理工艺可能会严重影响制件的精度，因此在 SLA 工艺的后处理过程中，应着重注意以下三点。

1. 支撑剥离时机不当误差

刚完成固化的制件一般都存在较大的内应力，这种力在随后的一段时间内会逐渐消失，如果过早地剥离支撑，则制件有可能会因未消除的残余内应力而变形。因此对于有支撑结构的制件，需要严格把控支撑剥离的时机。

2. 后固化误差

试验表明，使用 SLA 工艺成型的制件在成型后的较长时间里(一般数十个小时或更长)，所用材料仍会继续缓慢变硬和收缩，这个过程被称为后固化。后固化现象本身对成型精度影响很小，但在制件放置不当或受力不当的情况下，也可能导致较大的变形。

3. 后续加工处理误差

在对制件进行修补、打磨、抛光、镀覆或是机械加工等后处理时，要注意处理工艺的合理性，防止因后处理不当而产生新的误差。

5.2　熔融沉积成型工艺(FDM)的精度

使用 FDM 工艺成型时，挤出头按照软件指令，对制件进行自下而上的逐层扫描填充，挤出的熔融态成型材料冷却固化，层层堆叠，直到最终成型，整个过程包括三维数据处理、数控、成型材料、工艺控制等多个环节，每个环节出现的问题都可能对成型精度造成影响。其中，三维数据处理误差与前述 SLA 工艺相同，不再赘述。

5.2.1　机器误差

FDM 成型设备的常见机器误差有以下两种。

1．成型平台导致的误差

在 FDM 成型过程中，平台的平整度不足会导致成型平台的误差。平整度不够的成型平台会影响制件底层的扫描和填充，而底层的成型质量是制件整体成型质量的保证：如果底层填充不完全，熔融态成型材料和成型平台表面的黏合度不够，会很容易出现制件底面翘曲的问题。

因此，在进行 FDM 成型之前，首先需要进行成型平台的调平工作。但目前的平台调平大多是通过肉眼观察、手动调整旋钮的方法进行，这些方法很难使平台达到真正水平，针对这种情况，欧美国家的一些厂商开发出了 FDM 成型机自动调整装置，用来消除成型平台的误差。

2．X-Y 定位误差和 Z 方向的运动误差

FDM 成型设备同样存在 X-Y 方向的定位误差和 Z 方向的运动误差，其来源、影响及解决方案与前述 SLA 成型设备基本相同，可参见相关章节，在此不再赘述。

5.2.2　成型误差

FDM 成型过程中影响制件精度的因素比较多，其中主要有：喷头导致的误差、材料收缩导致的误差以及工艺参数对精度产生的影响。

1．喷头导致的误差

在 FDM 成型过程中，喷头对制件的成型精度有着显著的影响，具体表现如下：

(1) 喷头挤出材料的宽度使制件的实际成型尺寸大于设计尺寸。快速成型数据处理软件会将制件的三维模型进行分层，生成每一层的扫描路径，这些路径的宽度在分层算法中是默认为零的，但在实际成型过程中，喷头挤出的熔融态成型丝料是有宽度的，所以，制件的成型尺寸会比设计尺寸增加一条挤出丝料的线宽，如图 5-7 所示。理想状态下，可在设计时对制件的三维模型进行数据补偿来消除这种误差，但

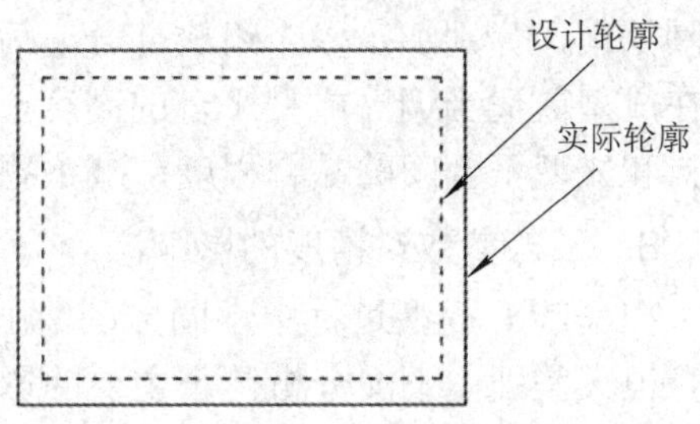

图 5-7　喷头挤出材料宽度导致的误差

实际上挤出丝料的宽度并不是固定值，而是会在挤出头送丝速度与喷头移动速度等多种因素的影响下随时发生变化，因此，有必要先制作一个样品，然后根据该样品的误差大小来修正补偿线宽的大小。

(2) 喷头直径的限制导致难以在制件中精确实现细微结构。由于喷头直径和挤出材料线宽的限制，往往难以将模型中的细微结构在制件上精确还原出来，从而导致制件精度出现缺失，该问题是 FDM 工艺的固有局限，无法从根本上解决，只能借助成型完毕后的修正处理工序来改善。

(3) 喷头的延时会对制件的表面质量造成影响。FDM 设备的挤出头存在开启延时和关闭延时：成型开始时，挤出头接受指令进行送丝，但丝料不会立刻从喷头挤出，而是先经加热变成熔融态，填满加热腔体，然后才被持续送丝产生的压力挤出，从挤出头接受进行送丝的指令，到喷头实际挤出丝料，其间隔为开启延迟的时间；而当成型完成，挤出头接受指令停止送丝，但喷头里的熔融态材料由于背压的作用，仍然会持续挤出一段时间才会停止，从挤出头接受停止送丝的指令，到喷头实际上停止出丝，其间隔即为关闭延迟的时间。开启延时和关闭延时都会对制件的表面质量造成影响，如出现层面轮廓缺失，或在制件表面形成瘤状物等。改进挤出头的结构设计可以在一定程度上减轻延时效应的影响，目前，许多 FDM 设备已将挤出装置的直流式设计升级为旋转挤压式设计，后者通过螺杆旋转产生压力挤出成型材料，可以实现对材料挤出的精确控制，有效地解决了延时问题。

2. 材料收缩导致的误差

FDM 工艺的成型材料一般为塑料材质。在整个成型过程中，成型材料先由固态受热变成熔融态，接着又从熔融态固化为固态，而在固化过程中成型材料会产生收缩，主要包括以下两种情形：

(1) 热收缩。成型材料因其固有的热膨胀率而产生的体积变化，是收缩产生的最主要原因。

(2) 分子的取向收缩。高分子材料在 X-Y 水平方向上的收缩量和在 Z 方向上的收缩量不匹配。

若要减少材料收缩对成型精度的影响，可通过以下措施进行改善：

(1) 在制件加工之前，针对制件的实际尺寸和几何结构，对其三维模型进行 X-Y 方向和 Z 方向的数据补偿。

(2) 在工艺方面，建议采用分区域扫描法，将长边扫描分割为短边扫描，因为制件底面的长度越大，其收缩应力越强。另外，在加工这类制件时，也可以用软件对其模型进行切割处理，分别加工多个组成部分，后期再黏合成一体。对于底面长度较大的制件，还可以在成型前适当调高成型平台的高度，缩短喷头和成型平台的距离，从而增加熔融态成型材料和成型平台间的黏合程度，减小翘曲变形的发生概率。

3. 工艺参数对精度的影响

在 FDM 成型过程中，同一制件用不同的工艺参数进行加工，其成型精度和成型时间会有很大差别，下面分析几个主要的影响因素。

1) 成型温度

成型温度包括喷头温度和成型环境温度。喷头温度是指工作状态下喷头的温度，喷头

温度的理想状态是使材料保持熔融状态而又不会从喷头滴出，如果喷头温度过高，就会发生牵丝现象；喷头温度过低则又可能无法正常出丝。环境温度通常是指成型室的温度，如果环境温度过高，制件表面会发生软化，同时也容易和喷头之间发生丝料黏连；如果环境温度太低，熔融的成型材料冷却过快，在材料内应力的作用下很容易导致制件翘曲变形。

2) 挤出速度与扫描速度

挤出速度指的是挤出头利用压力将熔融态的成型材料从喷头挤出的速度。扫描速度指的是在电机驱动装置的驱动下，挤出头整体的移动速度，也可以理解为喷头的移动速度。在逐层成型的过程中，必须保证挤出速度和扫描速度的高度匹配，才能保证制件的成型精度。

制件的每一层都是一个封闭空间，由许多路径共同组成，每条路径都有相应的起停点，而起停点处的丝料控制是影响制件表面质量的重要因素，因此，必须确保挤出速度和扫描速度始终保持一个恰当的比例。如果挤出速度相对于扫描速度过大，在每一层轮廓的起停点处就会产生多余的颗粒，这些多余材料形成的颗粒粘连在制件的表面，极难清理，严重影响了制件的表面质量；而如果挤出速度相对于扫描速度过小，丝料就会被拉长变细，导致层平面的填充不足，制件的层与层之间不能充分黏合，严重时甚至还会出现断层(如图 5-8 所示)，不仅影响了制件的成型精度，也降低了制件的物理强度。

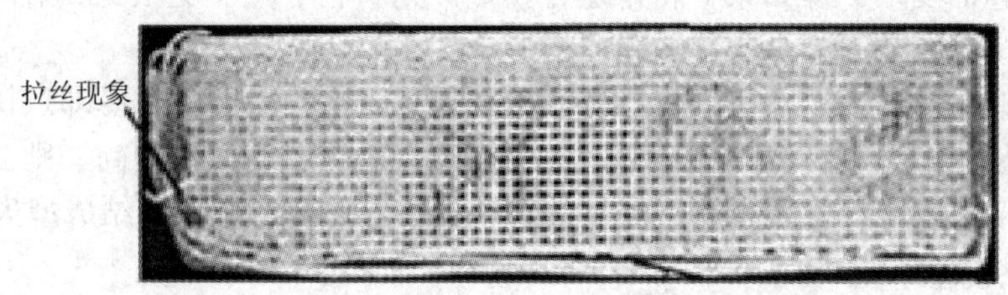

图 5-8　拉丝现象

3) 延迟时间

若要解决送丝延时问题，除了升级挤出头结构以外，还可以通过优化成型工艺实现。要解决开启延时问题，可以使用给制件添加外围轮廓的方法，即在成型开始时，先在制件外围生成一个圆环，由于圆环的成型给挤出喷头预留了充分的出丝准备时间，因此当圆环成型结束后，喷头已经可以正常出丝，此时再开始制件本体的成型；要解决关闭延时问题，则可以通过设置工艺参数，在成型结束的瞬间对挤出头的出料设置回撤值，也就是在成型结束瞬间让送丝系统产生一个将丝料“上拉”的操作，以消除喷头内熔融材料的背压效应。

5.2.3　后期处理误差

使用 FDM 工艺成型的制件往往需要进行表面处理，尤其是在成型过程中生成了支撑结构的制件，后期需要去除支撑并对表面进行打磨。在对制件进行表面处理的过程中产生的误差主要有两种：去除支撑结构导致的制件表面损伤和环境变化导致的形变误差。

1．去除支撑结构导致的制件表面损伤

由于 FDM 成型材料的黏合性，支撑结构往往粘连在制件表面，很难去除，使用工具的话，又很容易划伤制件表面。最好的解决方案是：在成型之前针对三维模型的几何特征，在需要添加支撑的位置设计接触面尽量小的支撑结构，可以有效减少支撑结构的数量，降低后期处理的难度。

2．环境变化导致的形变误差

周围环境的变化也可能导致加工完成后的制件发生形变误差，因此，要尽量保持制件周围的温、湿度不发生剧烈变化。

5.3 选择性激光烧结成型工艺(SLS)的精度

SLS 工艺的精度影响因素除了与其他快速成型工艺相同的数据处理误差和机器误差之外，还包括成型过程中的误差以及后处理误差。

5.3.1 成型误差

在 SLS 工艺的成型过程中，影响精度的因素较多，主要包括以下几种。

1．粉末预热温度对精度的影响

由于激光加热时粉末温度会突然升高，与周围粉末之间会产生一个较大的温度梯度，容易导致制件翘曲变形。但如果对粉末进行预热，则有利于减少受激光照射的粉末与周围粉末间的温度梯度，从而减少制件的翘曲变形。

选择合理的预热温度至关重要。预热温度如果太低，粉末层就会冷却过快，导致烧结区粉末与周围粉末的温度梯度增大，引起制件变形；预热温度如果过高，则会导致非烧结区粉末板结、融化，不仅破坏了制件周围的粉末材料，还会使制件烧结成型失败。

2．过固化误差

对于塑料粉末材料，其固化宽度及深度与其所吸收的激光平均能量有关：扫描速度越低，扫描激光器的输出功率越高，受照射粉末材料的温度就越高，固化的宽度、深度就越大，固化程度也就越高。因此，在靠近制件边缘处，由于激光器的扫描速度会降低，且存在扫描方向的变换，会造成激光器一定时间的滞留，所以边缘处的粉末固化程度往往较高，称为过固化现象，影响成型精度。例如，扫描一条直线时，直线两端的固化程度会逐渐增加，导致实际的固化直线呈两头大、中间小的哑铃型，如图 5-9 所示。

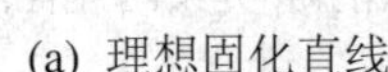

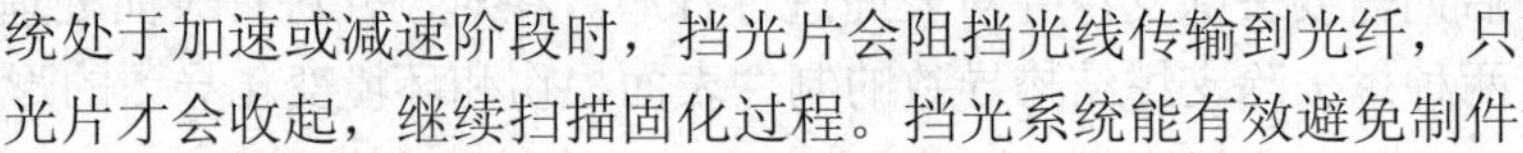

(a) 理想固化直线　　(b) 实际固化直线

图 5-9　过固化对成型精度的影响

适当提高扫描系统运动的加速度，可以缩短速度变化时间，缩小制件过固化的区域。另外，也可以增加挡光系统，即针对扫描系统的加减速特征在光路系统的前端增加挡光片。当扫描系统处于加速或减速阶段时，挡光片会阻挡光线传输到光纤，只有达到正常扫描速度时，挡光片才会收起，继续扫描固化过程。挡光系统能有效避免制件边缘的过固化现象，提高制件的尺寸精度，同时改善制件的轮廓质量。

3．收缩变形误差

翘曲变形是由材料的收缩引起的，严重的不均匀收缩会表现为翘曲。翘曲产生的根本原因是烧结过程中加热不均匀与材料状态的变化。

进行激光烧结时，尽管粉末间的空隙有利于激光向下传播，但激光能量仍然会随深度的增加而逐渐衰弱，使得每一层的不同高度处获得的能量不同，成型面上表面获得的能量大，而下表面获得的能量少，导致受热不均匀。另外，粉末材料在向固态转化时也会产生收缩内应力，使制件发生变形，导致精度丧失。

避免 SLS 成型过程中出现收缩变形的方法与其他快速成型工艺所用的方法类似：一方面从材料入手，如开发低收缩率、高强度的材料，或是尽量选择球形粉末材料，因为相比不规则形状的粉末，球形粉末流动性较好，烧结速率也较小，烧结后的收缩相对较小；另一方面从工艺入手，除前文提到过的烧结前粉末预热外，还可以通过增强铺粉系统的性能来提高铺粉的致密度，因为铺粉的致密度越高，收缩现象就会相应降低。

4．光斑直径误差

此类误差的原理及修正方法与前文所述的 SLA 工艺相同，在此不再赘述。

5.3.2　后处理误差

SLS 工艺的后处理主要以改善制件的力学性能、提高制件的表面精度为目的。一般而言，高分子制件的后处理主要包括表面清理、渗树脂或渗蜡、固化、修补、打磨、抛光等工序；而金属功能件的后处理则通常由清粉处理、脱脂降解、高温烧结、浸渍四个阶段组成。

对于高分子制件的后处理而言，一方面，在进行渗透处理时，由于制件可能存在一个再熔融致密化的过程，会导致尺寸出现一定程度的收缩；另一方面，渗透材料本身的黏度特征也会对渗透处理后的制件表面精度和尺寸精度产生影响，出现表面渗透层厚度变化大、渗透材料不易在表面聚结或者表面光洁度不高等现象，因此，需要选择合适的渗透材料，并控制好温度、时间等工艺参数。如需进一步提高精度，可以继续进行修补、打磨、抛光等处理，但要采用正确的工具和方法。

对于金属制件的后处理而言，由于脱脂降解以及高温烧结过程都是在一定温度下进行的，所以金属颗粒有可能会发生再次烧结，导致制件内部孔隙减少，发生收缩，对制件的精度产生影响，因此，需要在设计模型时综合考虑这些因素的影响，设置适当的补偿量。同时，如果烧结过程中出现温度不均匀等情况，会使制件在收缩过程中产生残余应力，当残余应力较大时，就有可能导致制件发生翘曲变形，因此在烧结时要格外注意选择合适的温度和时间。

5.4　三维印刷成型工艺(3DP)的精度

影响 3DP 工艺成型精度的因素有很多，除数据处理误差和成型设备误差以外，成型材料性能也是一个重要的影响因素，材料性能对 3DP 工艺的精度影响集中表现在以下三个方面。

1．制件表面模糊

3DP 工艺所使用粉末材料的特性(包括粉末的成分和比例、粉末粒度、流动性等)会影响制件的表面质量和精度，如粉末材料的颗粒过于粗糙，就会导致制件表面出现模糊现象，无法准确展现精细和复杂的结构，如图 5-10 所示。

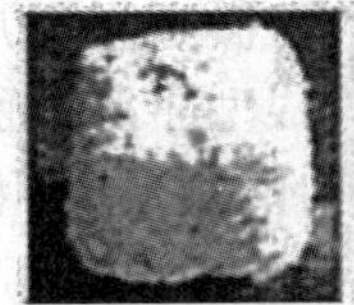
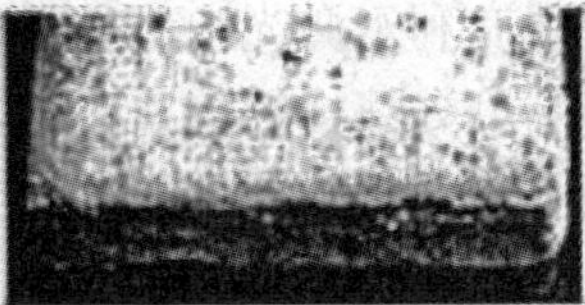
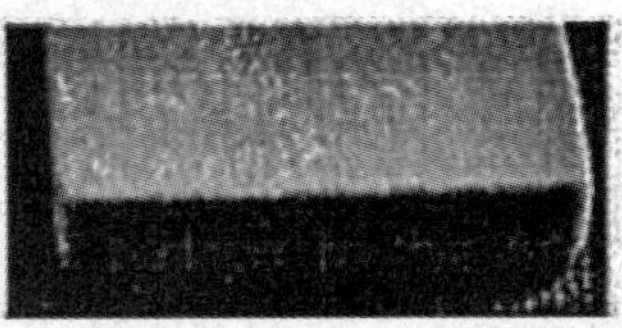

(a) 十分模糊　　(b) 较模糊　　(c) 清晰

图 5-10　表面模糊现象

为解决这一缺陷，可在粉末材料中添加一定比例的成膜特性好的水溶性高分子聚合物材料，从而提高制件表面的清晰程度。同时，粉末材料的细致度也应该控制在一定范围内，使用颗粒均匀、流动性好、与辊子的摩擦系数低的粉末材料也能有效改善制件表面的质量。

2．制件翘曲变形

如果成型所用粉末中含有高分子聚合物材料，当黏结溶液液滴渗入成型粉末，就会使聚合物粉末发生溶解或溶胀，再经干燥固化后被黏结，这个过程中，成型截面会发生收缩，使制件的尺寸发生变化，影响成型精度。为改善这一问题，可以调整材料配方，使粉末黏结过程中的收缩和膨胀效应相互抵消，既可以减少翘曲变形，又可以提高制件的成型精度。

另外，由于不同层黏结固化的时间顺序有先后，因此冷却时收缩的程度不一致，也会导致制件翘曲变形，选择合适的层厚，减少每层成形的间隔时间可以减少这种变形。

3．喷头轻微堵塞

3DP 成型过程中，如果使用的黏结溶液黏度过大，或是干涸速度过快，都容易在成型设备的喷头表面形成膜状物质，堵塞喷头，而粉末黏附到喷头表面也有可能导致喷头堵塞，喷头堵塞势必会使喷头出料困难，从而造成制件缺料的缺陷，如图 5-11 所示。

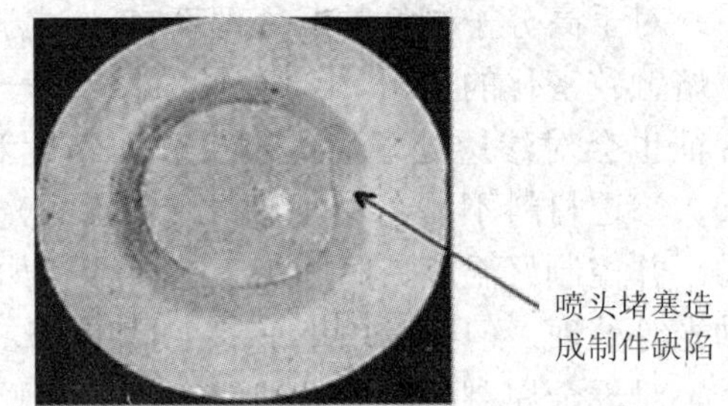

图 5-11　喷头轻微堵塞

喷头轻微堵塞会对成型效率和质量造成一定影响，而配置黏度合理的黏结溶液，减少粉末的溅射和飞扬，及时清洁喷头等措施都可以有效防止喷头堵塞。

5.5　分层实体制造成型工艺(LOM)的精度

影响 LOM 工艺精度的因素除与其他快速成型工艺相同的数据处理误差之外，还有 LOM 成型设备的机器误差，以及该工艺所用成型材料导致的误差。

5.5.1　机器误差

LOM 工艺使用的成型设备的误差主要源于以下几个方面。

1. 升降工作台上平面相对 Z 方向的垂直度误差

LOM 成型设备的组成及运动方向如图 5-12 所示。假设工作台的上升方向为 Z 轴正向，热压辊前进方向为 X 方向，热压辊轴向为 Y 方向，则工作台上平面若沿 X 或 Y 方向发生倾斜，就会引起被切割纸面的倾斜，使激光束在轮廓纸面上切割的形状并非层片轮廓

的真实形状，而是层片轮廓在倾斜纸面上的投影。

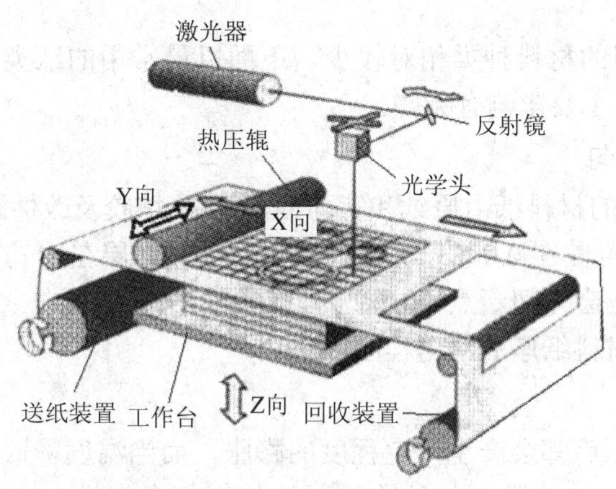

图 5-12　LOM 成型设备的组成及运动方向

工作台沿 X 或 Y 方向的倾斜还会导致热压辊对材料纸施加的压力不均，致使被热压的胶厚也沿 X 或 Y 方向分布不均，随着制件高度的增加，这种不均匀性可能加剧，造成 Z 方向上的尺寸误差增大。因此，必须仔细调整工作台，使工作台相对 Z 轴的垂直度误差保持在允许范围内。

2. 升降工作台的定位误差

升降工作台的定位误差会直接影响 Z 方向的尺寸精度。对于在 Z 方向上有圆环结构的制件而言，这种影响尤为突出，如果工作台没有定位得足够精确，而且高度传感器又不能精确测得工件的实时高度，就会使圆环呈椭圆状。使用伺服电机，经精密滚珠丝杠驱动升降工作台，并由精密直线滚珠导轨进行导向，可提高其定位精度。

3. 成型头扫描误差

成型头的扫描运动由数控系统控制，该系统有一定的位置分辨率，该分辨率的高低取决于位置编码器的精度以及将电机的旋转运动变换为直线往复运动的滚珠丝杠的导程。激光束进行扫描切割运动时，其位置精度受到上述数控系统的位置分辨率限制，因而会造成一定的尺寸和形状误差。

4. 高度传感器的测量误差

高度传感器用于测量热压后纸面的实时高度，计算机根据高度传感器测得的高度数据计算下一层的分层高度，并进行实时分层，从而得到对应的分层面轮廓，因此，高度传感器的精度会直接影响制件的尺寸与形状的准确度。而高度传感器的测量准确性会受到温度和振动等因素的影响，导致制件的形状和尺寸出现误差。

5. 热压辊表面温度分布不均匀

一般而言，热压辊表面温度沿 Y 轴方向分布得并不会十分均匀，同时，升降工作台沿 X 或 Y 方向倾斜、制件上表面高度不均匀、热压辊速度分布不均匀等因素也都会使胶的最高热压温度分布不均匀，导致胶厚分布不均匀，影响 Z 方向上的尺寸精度。因此，一方面需要研究胶厚随胶温、胶压变化的规律；另一方面也可以使用非均匀分布内部电阻丝的方法，来使热压辊的表面温度达到均匀化。

5.5.2 材料导致的误差

LOM 工艺可使用的材料种类相对较少，下面以最常用的纸类材料为例，说明材料性能对 LOM 工艺精度的主要影响有哪些。

1．材料纸厚不均匀

LOM 成型所使用的材料纸由原纸和背面的涂层(热熔胶及改性添加剂)组成。原纸厚为 0.097～0.099 mm，厚度差在 0.002 mm 以内，但背面的涂层在 Y 方向上会有明显的波浪状凹凸不平，X 方向上也会有间断点，这种不均匀性会导致 Z 方向上的尺寸误差。可以通过改进涂胶方法，提高材料纸厚的均匀程度。

2．材料冷却翘曲

每层材料纸在热压后都会产生一定程度的膨胀，而当温度降低时，由于邻近胶层和成型结构的约束力不均匀，或是制件的冷却不均匀，都会产生内应力，导致材料纸收缩翘曲，从而在 X、Y 和 Z 方向上产生尺寸和形状误差，因此，研究典型形状的冷却翘曲变形规律，进行反变形设计，可在一定程度上校正零件的翘曲变形。

3．材料吸湿生长

在快速成型过程中和成型之后，材料纸会不断地吸收空气中的水分，从而导致 Z 方向上的尺寸不断增大。因此，当剥离废料获得制件后，应立即在制件表面喷上一层薄铝，防止水分继续侵入，可以保持制件长期稳定不变形。

本 章 小 结

- ✧ 快速成型制件的精度与机器精度、数据处理精度、材料性能、成型工艺以及后处理都有极大关系。
- ✧ SLA 工艺、FDM 工艺以及 SLS 工艺的精度影响因素都主要集中在四个方面：数据处理误差、机器误差、成型误差、后处理误差。
- ✧ 3DP 工艺所用材料对精度的影响主要表现为制件表面模糊、制件翘曲变形和喷头轻微堵塞三个方面。
- ✧ LOM 工艺的精度影响因素主要有机器误差和成型纸材导致的误差两类。

本 章 练 习

1．制件的精度不仅取决于机器精度，还与___________、___________、成型工艺以及_________都有极大关系。

2．数据处理误差主要包括_____________________与______________________。

3．在 SLA 成型过程中，实际的制件轮廓是由______________包络形成，固化的线宽大小等于在特定扫描速度下的_______________大小。

4．简述 FDM 成型过程中工艺参数对精度的影响。

实践篇

实践 1　熔融沉积成型工艺(FDM)打印鼠标模型

实践指导

本实践使用 FDM 工艺打印鼠标模型。步骤如下：首先使用 Pro/E 软件建立鼠标的三维模型；然后将模型数据导入 MakerWare 软件进行分层处理，并对打印参数进行设置；最后将处理完毕的模型数据导出至 SD 存储卡中，并将存储卡接入桌面级的 FDM 打印机，进行逐层叠加打印。

实践 1.1　使用 Pro/E 构建鼠标模型

本实践需要构建的鼠标三维模型如图 S1-1 所示。

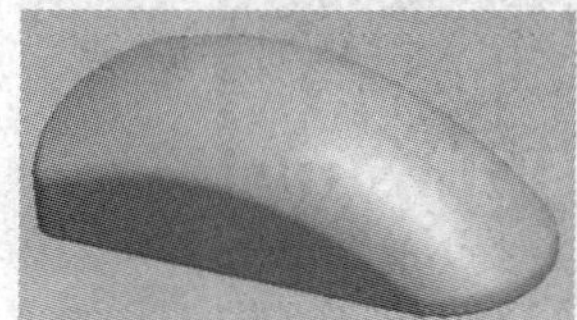

图 S1-1　鼠标三维模型

【分析】

(1) 本实践使用 Pro/E Wildfire 5.0 完成建模过程，程序安装包可从网上下载。

(2) 鼠标模型的构建思路如图 S1-2 所示。

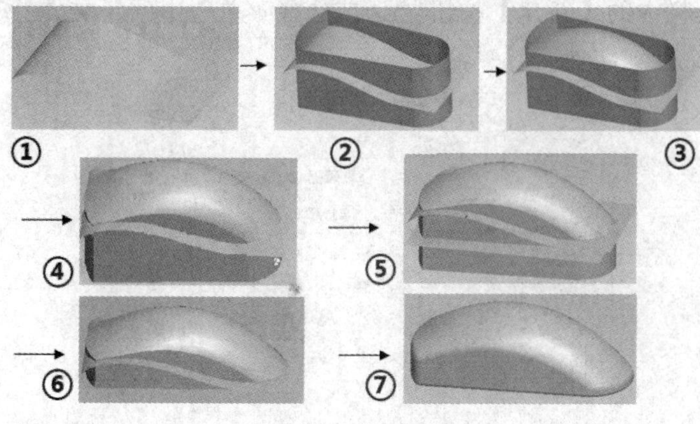

图 S1-2　鼠标建模思路

① 创建一个参考曲面。
② 创建鼠标侧面。
③ 通过混合曲面命令生成鼠标的上表面。
④ 通过曲面合并命令合并鼠标的侧面和上表面。
⑤ 拉伸出鼠标的底面。
⑥ 将鼠标底面与前面合并后的曲面再进行合并。
⑦ 隐藏多余的曲线和曲面，完成鼠标模型的创建。

【参考解决方案】

1．启动建模软件

双击程序图标，启动 Pro/E Wildfire 5.0，工作界面如图 S1-3 所示。

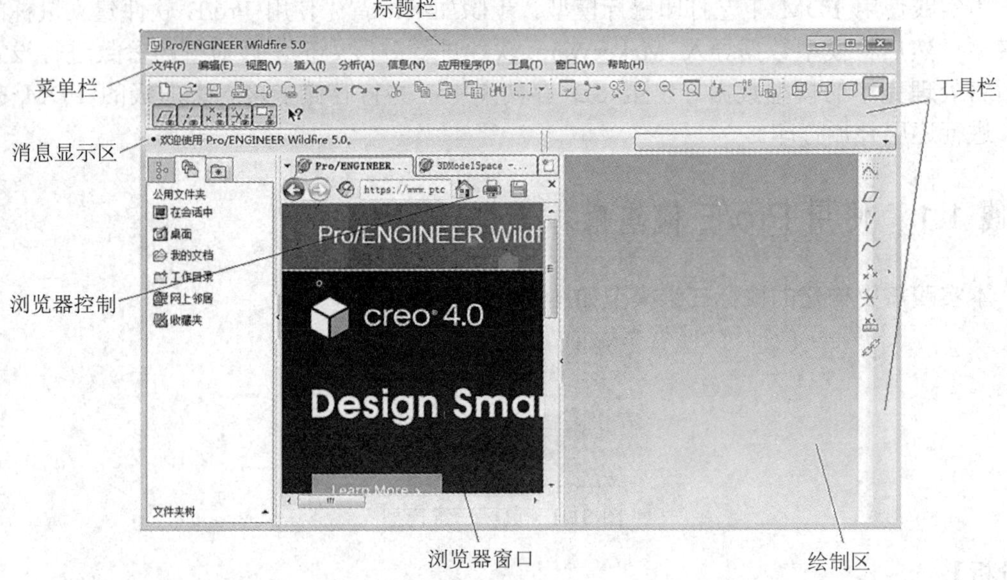

图 S1-3　Pro/E Wildfire 5.0 工作界面

2．新建模型文件

(1) 单击工具栏中的【新建】按钮，或选择菜单栏中的【文件】/【新建】命令，如图 S1-4 所示。

图 S1-4　新建模型文件

(2) 在弹出的【新建】对话框中，在【类型】标签下选择【零件】项；在【子类型】标签下选择【实体】项，将【名称】设置为“mouse”，并取消勾选【使用缺省模板】选项，然后单击【确定】按钮，如图 S1-5 所示。

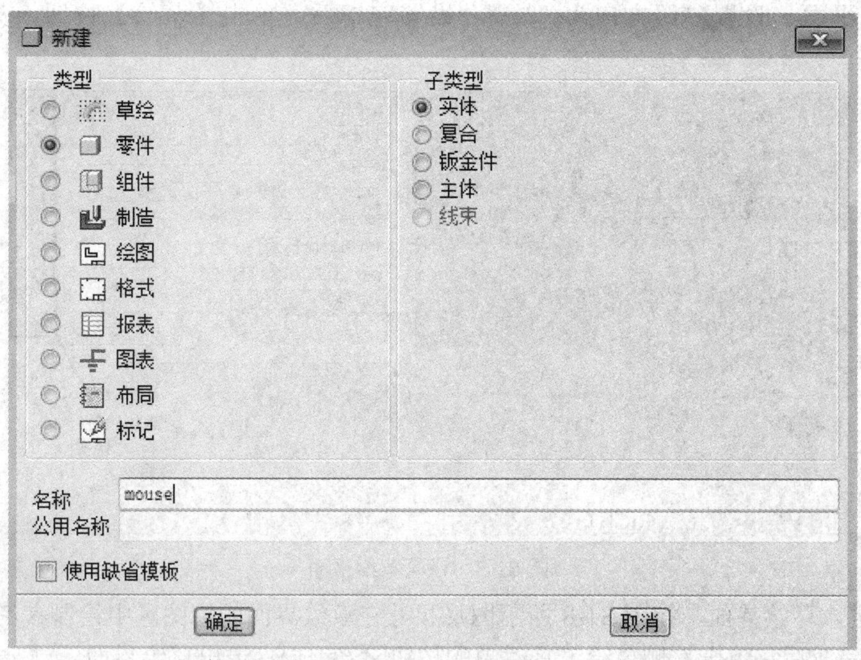

图 S1-5　设置模型属性

(3) 在弹出的【新文件选项】对话框中，选择模板【mmns_part_solid】，然后单击【确定】按钮，完成新模型文件的创建，如图 S1-6 所示。

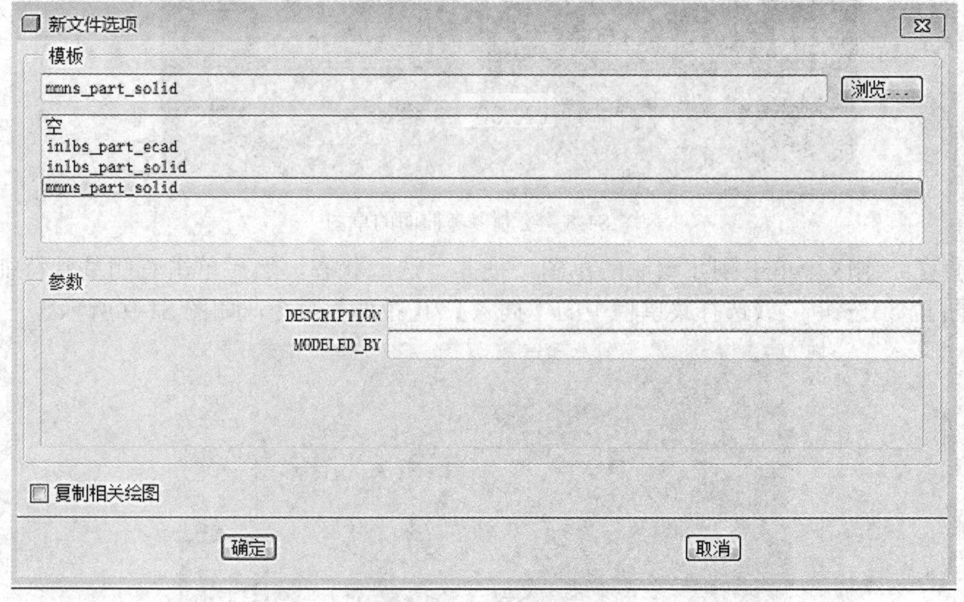

图 S1-6　选择模型模板

3．绘制参考曲面

(1) 单击基准工具栏中的按钮(草绘)，弹出【草绘】设置对话框。在对话框的【放置】选项卡中，单击绘制区中的 FRONT 面，将其设置为草绘平面；然后将 RIGHT 面设置为参照平面，设置参照方向为“右”。设置完毕后，单击【草绘】按钮，如图 S1-7 所示。

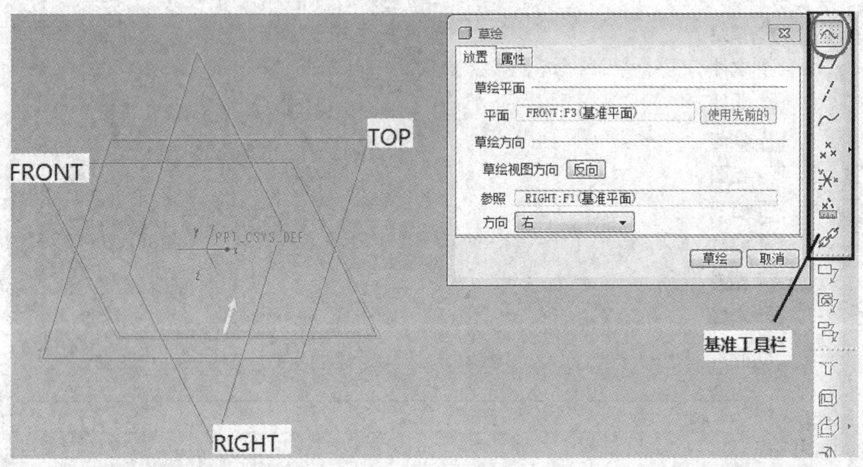

图 S1-7　设置草绘平面

(2) 进入草绘界面，按图 S1-8 所示图形尺寸在草绘界面的绘图区中绘制参考曲面的草图。绘制完成后，单击右侧草绘工具栏中的按钮✔(完成)，退出草绘界面。

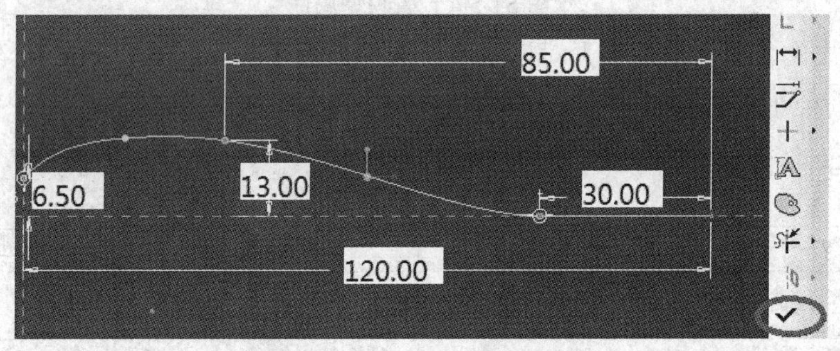

图 S1-8　绘制参考曲面的草图

(3) 在绘制区中单击刚才绘制的草图，使其呈选取状态，然后单击右侧基础特征工具栏中的(拉伸)按钮或选择菜单栏中的【插入】/【拉伸】命令，如图 S1-9 所示。

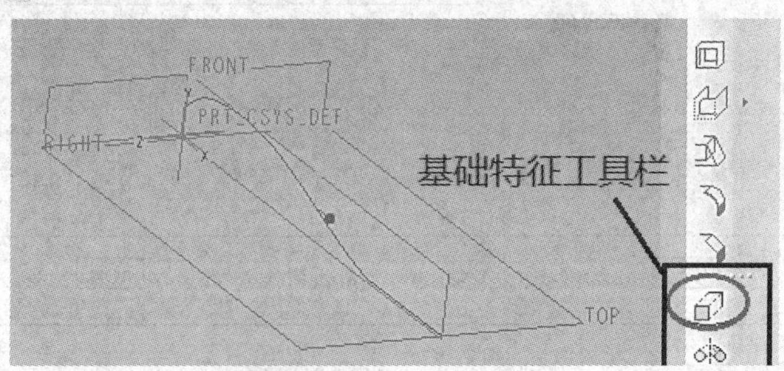

图 S1-9　选择拉伸命令

(4) 在程序界面上方弹出的拉伸操控板中，选择拉伸方式为▭(对称拉伸)，并在后面的下拉框中将拉伸深度值设置为 70 mm，如图 S1-10 所示。

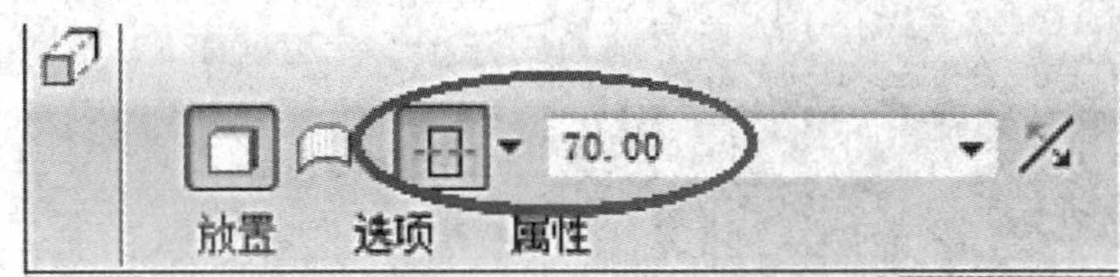

图 S1-10　设置拉伸参数

(5) 设置完毕后，单击操控板中的按钮✔，完成参考曲面的绘制，如图 S1-11 所示。

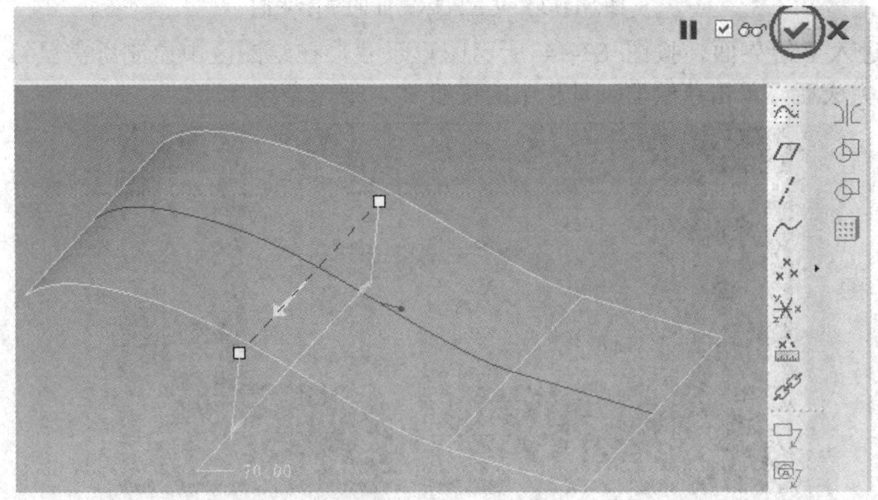

图 S1-11　拉伸参考曲面

4. 绘制鼠标侧面

(1) 单击基础特征工具栏中的按钮▭或选择菜单栏中的【插入】/【拉伸】命令，在程序界面上方出现的拉伸操控板中，单击按钮▭(拉伸为曲面)，然后单击【放置】命令，在弹出的选项卡中单击【定义】按钮，定义一个新草绘项目，如图 S1-12 所示。

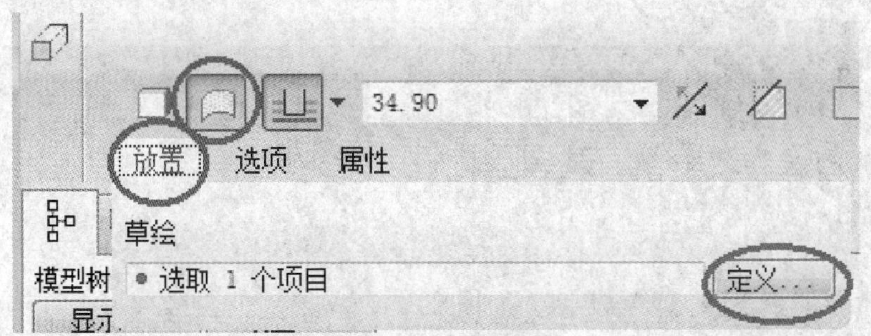

图 S1-12　定义新草绘

(2) 在弹出的【草绘】对话框中，参考图 S1-7 的步骤设置草绘选项：设置 TOP 面为草绘平面，设置 RIGHT 面为参照面，设置参考方向为“右”。设置完毕后，单击【草绘】按钮，如图 S1-13 所示。

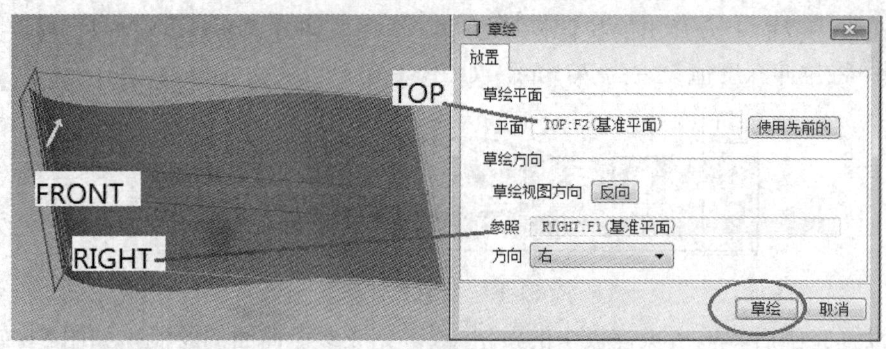

图 S1-13　设置鼠标侧面的草绘平面

(3) 进入草绘界面，按图 S1-14 所示图形尺寸，在绘图区中绘制所需鼠标侧面的草图。绘制完成后，单击草绘器工具栏中的按钮✓，退出草绘界面。

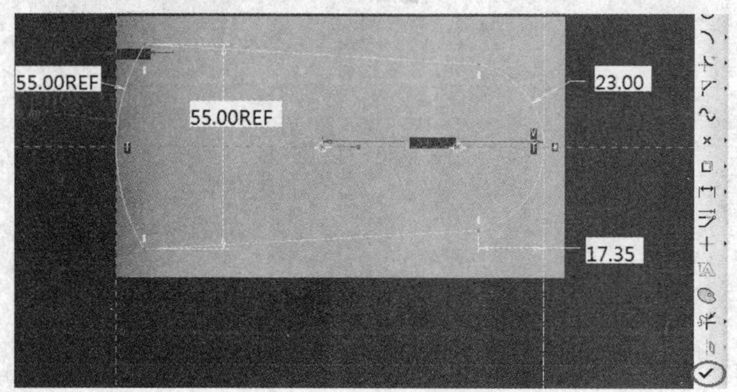

图 S1-14　绘制鼠标侧面的草图

(4) 进入拉伸操控板，选择拉伸方式为⊟，设置拉伸深度值为 50 mm。设置完毕后，单击按钮✓确认，完成拉伸曲面的绘制，如图 S1-15 所示。

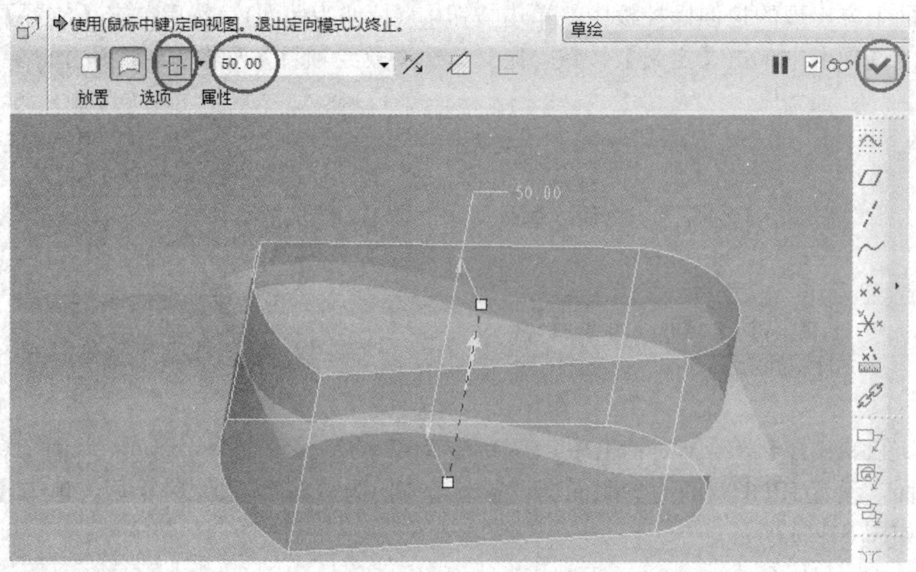

图 S1-15　鼠标侧面绘制完成

5．绘制投影曲线 1

(1) 参考图 S1-7 的步骤，设置投影曲线 1 的草绘平面：单击基准工具栏中的按钮，在弹出的【草绘】对话框中设置 RIGHT 面为草绘平面，TOP 面为参照面，参考方向为“顶”。设置完毕后，单击【草绘】按钮，在草绘区中绘制投影曲线 1 的草图。绘制完毕后，单击草绘器工具栏中的按钮✓，退出草绘界面，如图 S1-16 所示。

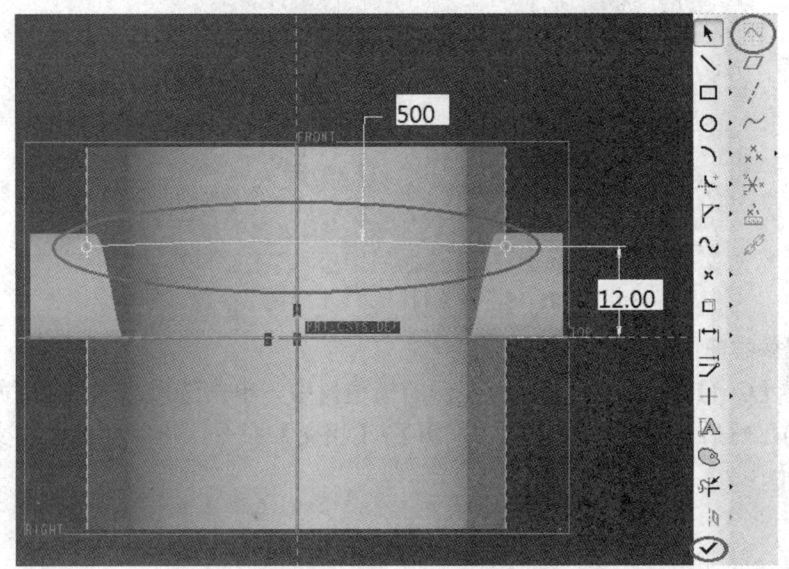

图 S1-16　绘制投影曲线 1 的草图

(2) 单击投影曲线 1 的草绘线，使其成为选取状态，然后选择菜单栏中的【编辑】/【投影】命令，如图 S1-17 所示。

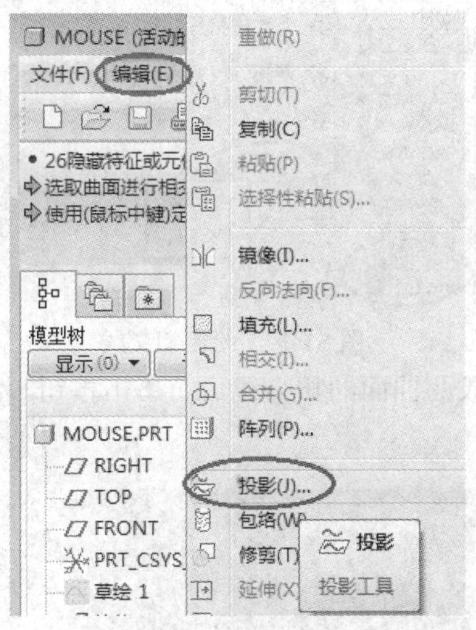

图 S1-17　选择投影命令

(3) 在弹出的投影操控板中，设置左侧面作为投影曲面的参照面，投影方向为“默认”。设置完毕后，单击操控板上的按钮✓，完成投影曲线 1 的创建，如图 S1-18 所示。

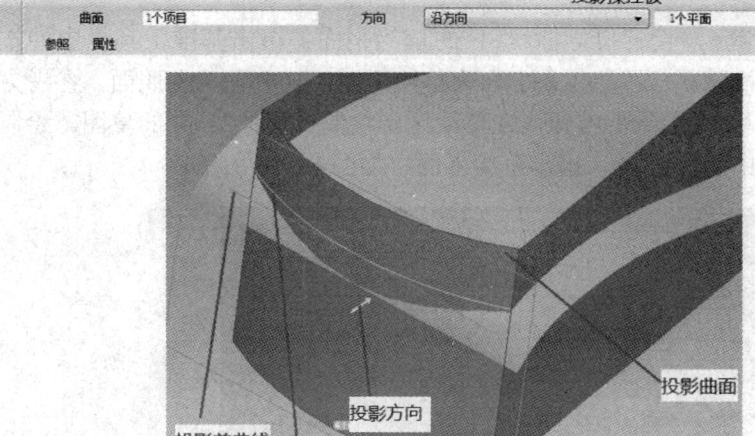

图 S1-18　设置投影曲线 1 的投影参数

6．绘制参考曲面和鼠标侧面的交线

(1) 按住【Ctrl】键，在程序界面左侧的模型树中，单击选取参考曲面(拉伸 1)和鼠标侧面(拉伸 2)，然后选择菜单栏中的【编辑】/【相交】命令，进行两曲面相交线的绘制，如图 S1-19 所示。

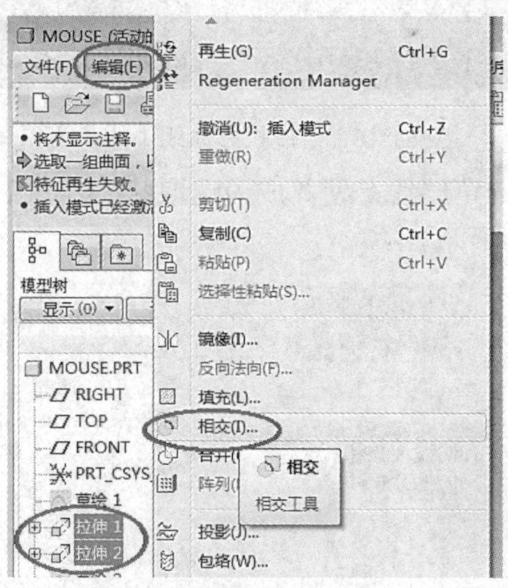

图 S1-19　绘制相交线

(2) 待程序自动绘制完成两曲面的相交线后，单击按钮✓，如图 S1-20 所示。

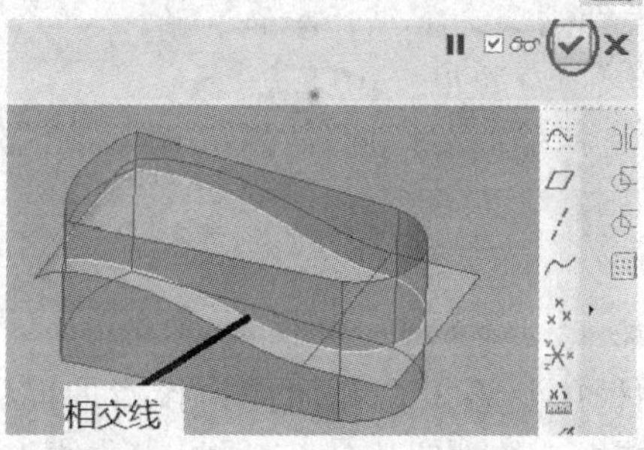

图 S1-20　完成曲面相交线的绘制

7. 创建基准点 PNT0 和 PNT1

(1) 单击基准工具栏中的按钮 (基准点)，弹出【基准点】设置对话框，在绘制区中按住【Ctrl】键，再单击之前绘制的曲面相交线和 FRONT 面，系统即会在二者的一个相交处生成基准点 PNT0，单击【确定】按钮，完成此基准点的绘制，如图 S1-21 所示。

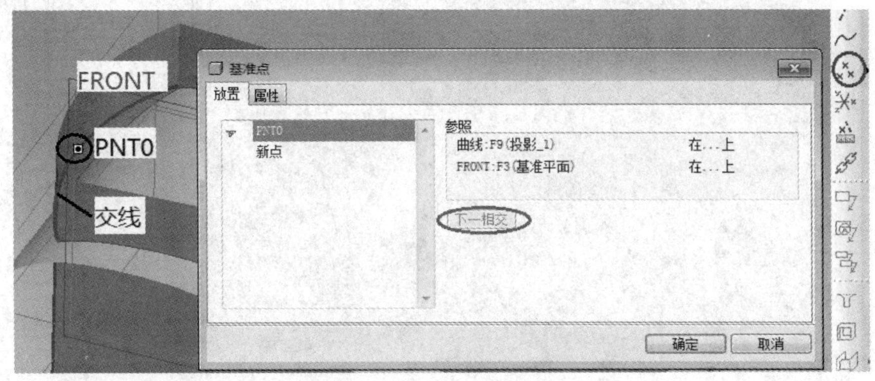

图 S1-21　绘制相交基准点 PNT0

(2) 重复上述步骤，选取之前绘制的曲面相交线和 FRONT 面，然后单击【基准点】对话框中的【下一相交】按钮，系统即会在二者的另一个相交处生成基准点 PNT1，如图 S1-22 所示。

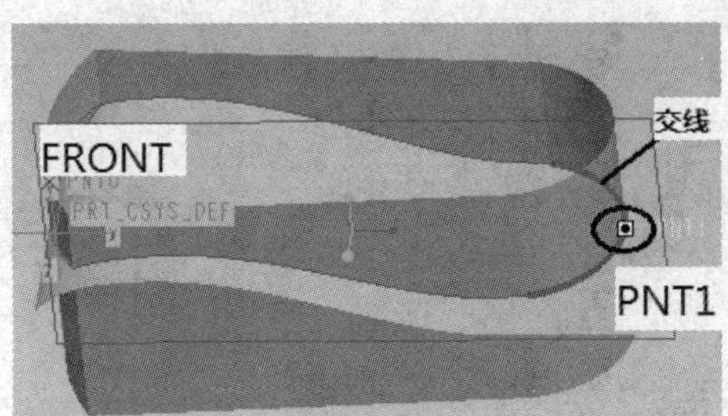

图 S1-22　绘制相交基准点 PNT1

8. 绘制基准曲线 1

(1) 单击基准工具栏中的按钮，在弹出的【菜单管理器】中，选择【经过点】/【完成】命令，如图 S1-23 所示。

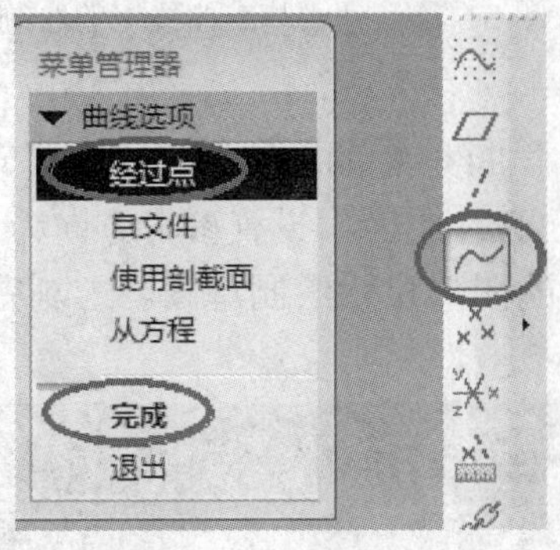

图 S1-23　新建基准曲线 1

(2) 在弹出【曲线：通过点】对话框后，单击绘制区中的基准点 PNT0 和 PNT1，将二者选为基准曲线 1 通过的点，然后在对话框中选择【扭曲】命令，并单击【定义】按钮，如图 S1-24 所示。

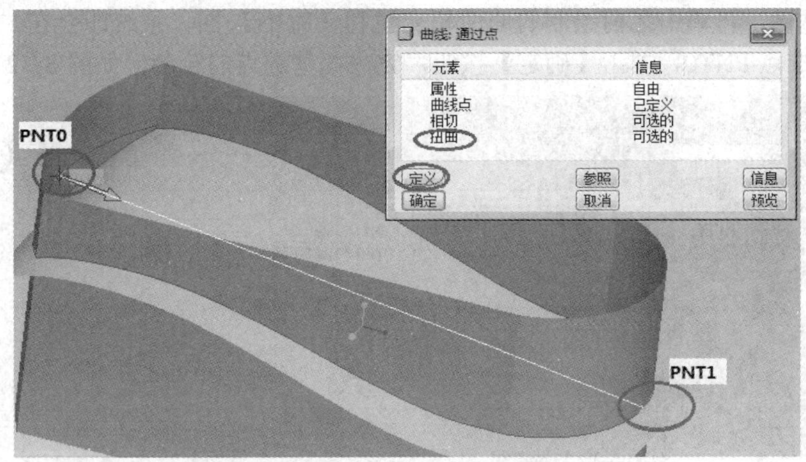

图 S1-24　设置基准曲线 1 的通过点

(3) 在弹出的【修改曲线】对话框中，将绘制区中的控制点拖到合适位置，然后单击对话框下方的按钮 ✓ ，完成对基准曲线 1 的调整，如图 S1-25 所示。

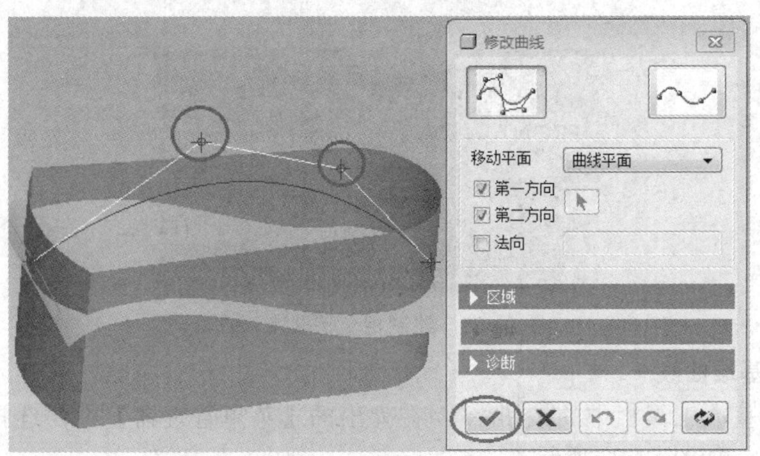

图 S1-25　完成基准曲线 1 的绘制

9. 绘制投影曲线 2

(1) 参考图 S1-7，设置投影曲线 2 的草绘平面：在【草绘】对话框中，设置 FRONT 面为草绘平面，设置 RIGHT 面为参照面，设置参考方向为“右”。设置完毕后，单击【草绘】按钮，按照图 S1-26 所示的图形尺寸绘制草图。绘制完毕后，单击草绘器工具栏中的按钮 ✓，退出草绘界面。

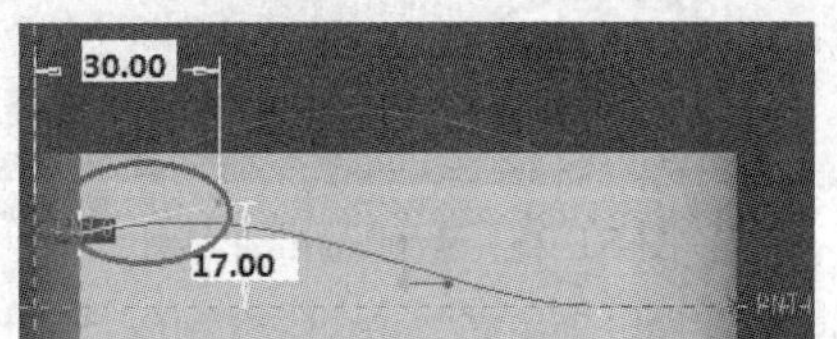

图 S1-26　绘制投影曲线 2 的草图

(2) 在绘制区中选择完成的投影曲线 2 草图，选择菜单栏中的【编辑】/【投影】命令，参考图 S1-18 所示的步骤，在投影操控板中设置 FRONT 面为方向平面，并设置参照曲面如图 S1-27 所示。设置完毕后，单击操控板中的按钮 ☑ 确认，完成投影曲线 2 的绘制。

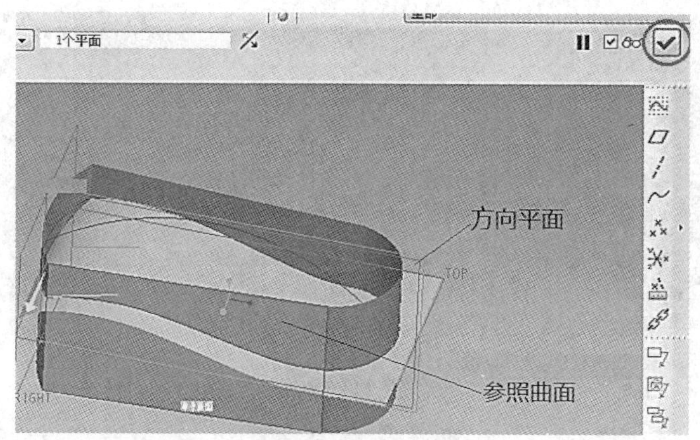

图 S1-27　完成投影曲线 2 的绘制

10．生成投影曲线 2 的镜像

(1) 在绘制区中选取投影曲线 2，然后单击编辑特征工具栏中的按钮 ⫼(镜像)，或选择菜单栏中的【编辑】/【镜像】命令，弹出【镜像操控板】，如图 S1-28 所示。

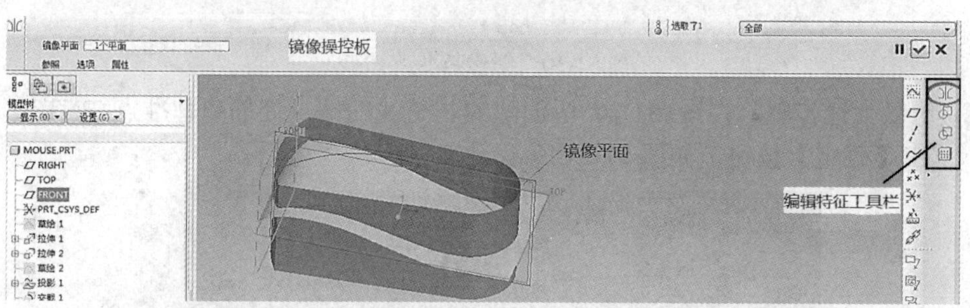

图 S1-28　开启【镜像操控板】

(2) 在绘制区中，单击选择 FRONT 面作为镜像平面。设置完毕后，单击操控板中的按钮☑，完成投影曲线 2 的镜像投影线绘制，如图 S1-29 所示。

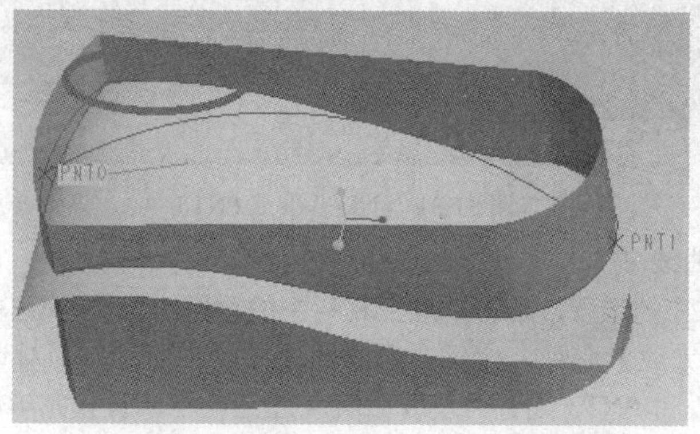

图 S1-29　完成投影曲线 2 的镜像投影线绘制

11．创建基准点 PNT2 和 PNT3

(1) 单击基准工具栏中的【基准点】按钮，在弹出的【基准点】对话框中，参考图 S1-21 的步骤，选择投影曲线 2 的一个端点作为基准点 PNT2，然后单击【确定】按钮，如图 S1-30 所示。

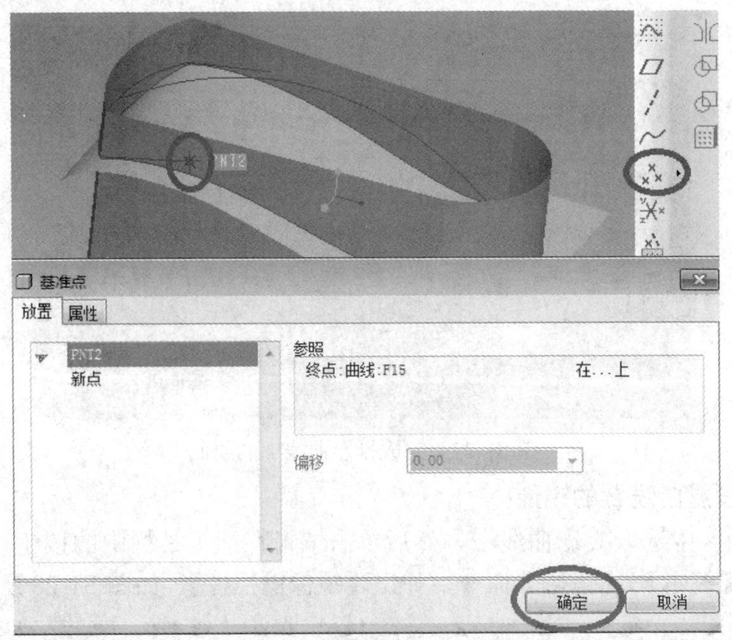

图 S1-30　创建基准点 PNT2

(2) 重复上述步骤，在图 S1-20 所创建的相交线的端点处创建基准点 PNT3。创建完毕后，单击【确定】按钮，如图 S1-31 所示。

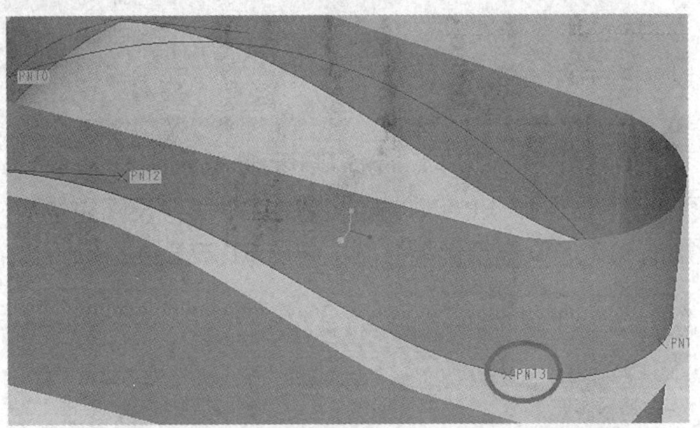

图 S1-31　创建基准点 PNT3

12．创建基准曲线 2

(1) 参考图 S1-23 的步骤，单击基准工具栏中的按钮，在弹出的【菜单管理器】中选择【经过点】/【完成】命令，然后在弹出的【曲线：通过点】对话框中，将刚才创建的两个基准点 PNT2 和 PNT3 设置为基准曲线 2 通过的点。设置完毕后，单击【菜单管理器】中的【添加点】/【完成】按钮，如图 S1-32 所示。

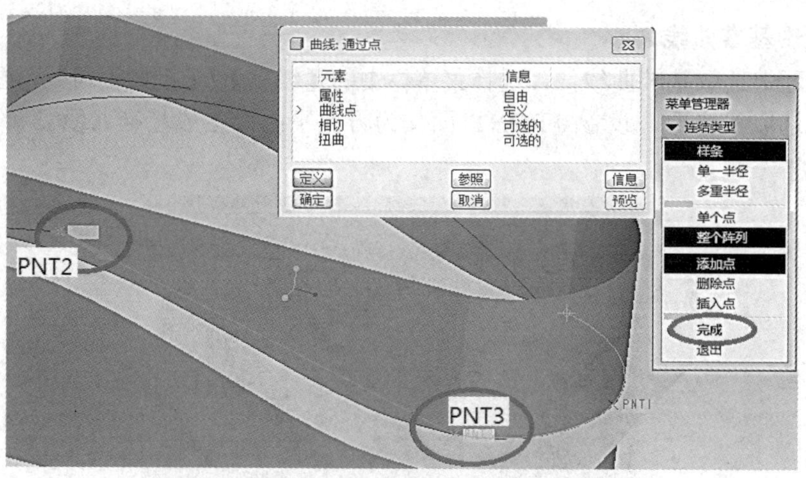

图 S1-32　选择基准曲线 2 的通过点

(2) 接下来，在【曲线：通过点】对话框中，选择【相切】命令，然后单击【定义】按钮，弹出【定义相切】下拉菜单，在菜单中选择【曲线/边/轴】命令，然后勾选【相切】项，并在【方向】下拉菜单中选择相切方向，如图 S1-33 所示。

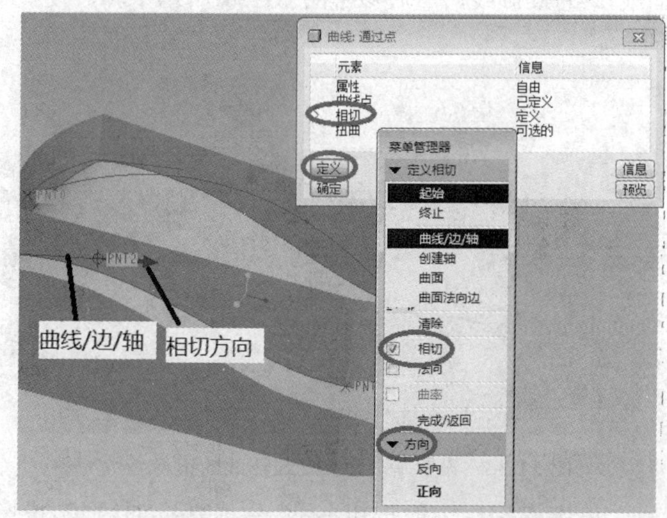

图 S1-33　定义基准曲线 2 的相切条件

(3) 设置完毕后，单击【曲线：通过点】对话框中的【确定】按钮，完成基准曲线 2 的绘制，如图 S1-34 所示。

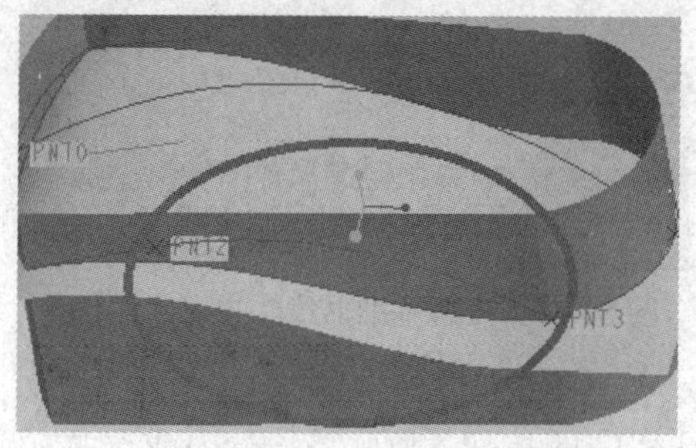

图 S1-34　完成基准曲线 2 的绘制

13. 投影基准曲线 2

在绘制区中选取基准曲线 2，选择菜单栏中的【编辑】/【投影】命令，参考图 S1-18 所示步骤，选取投影面，设置 FRONT 面作为方向平面，生成基准曲线 2 的投影，如图 S1-35 所示。

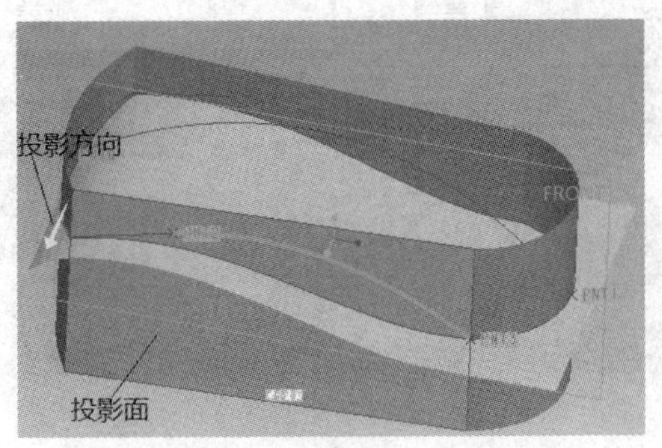

图 S1-35　生成基准曲线 2 的投影

14. 生成基准曲线 2 投影的镜像

(1) 选择基准曲线 2 的投影线，然后参考图 S1-28 所示步骤，设置 FRONT 面为镜像平面，如图 S1-36 所示。

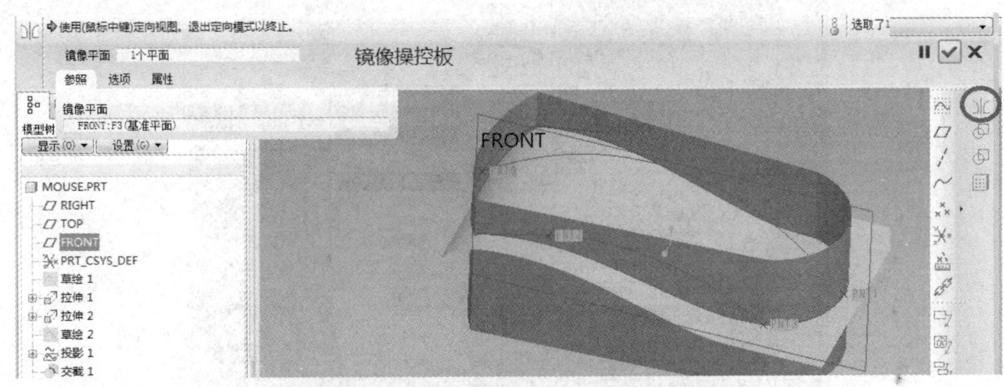

图 S1-36　设置基准曲线 2 投影线的镜像参数

(2) 设置完毕后，单击操控板中的按钮 ☑，生成基准曲线 2 投影线的镜像，如图 S1-37 所示。

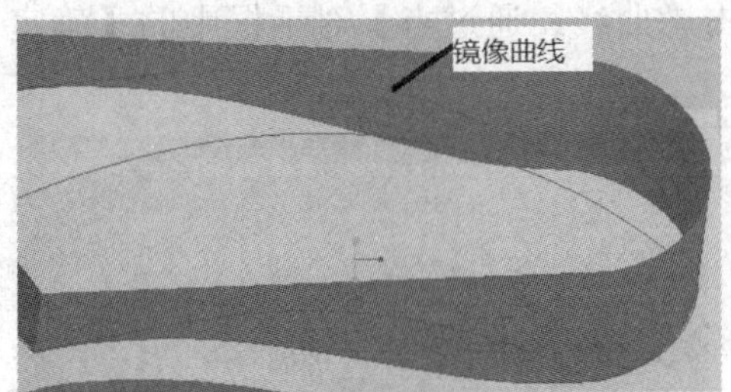

图 S1-37　生成基准曲线 2 投影线的镜像

15. 绘制鼠标上表面

(1) 单击基础特征工具栏中的按钮 (边界混合)或选择菜单栏中的【插入】/【边界

混合】命令，弹出【边界混合操控板】，然后在绘制区中依次选取两方向上的边界线——第一方向为前中后三条曲线，第二方向为左右两条曲线。选取完毕后，单击操控板中的按钮☑，完成边界混合方向的设置，如图 S1-38 所示。

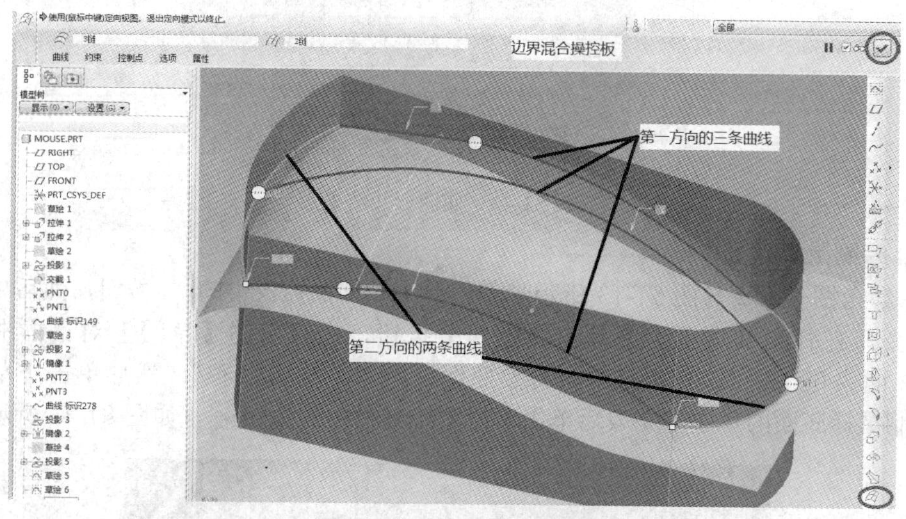

图 S1-38　设置边界混合方向

(2) 边界混合曲面的绘制结果如图 S1-39 所示，至此鼠标上表面绘制完成。

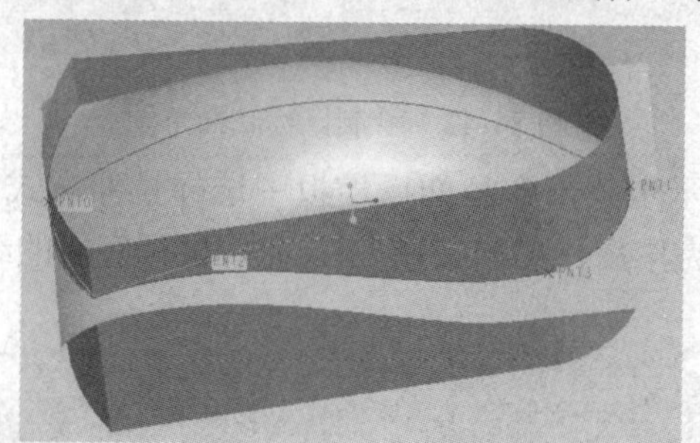

图 S1-39　鼠标上表面绘制完成

16. 合并鼠标侧面和上表面

(1) 在绘制区中，按住【Ctrl】键，选择鼠标的侧面和上表面，然后单击编辑特征工具栏中的按钮(合并)或选择菜单栏中的【编辑】/【合并】命令，在界面上方弹出的【合并操控板】中单击按钮☑，合并鼠标侧面和上表面，如图 S1-40 所示。

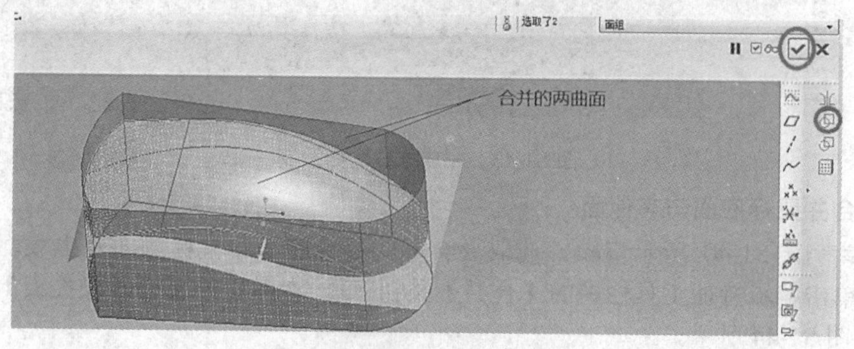

图 S1-40　合并鼠标侧面和上表面

(2) 两个曲面的合并结果如图 S1-41 所示。

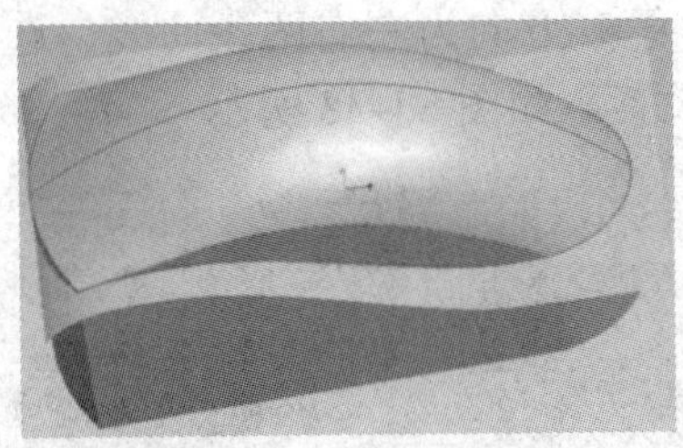

图 S1-41　曲面合并结果

17. 绘制鼠标底面

(1) 参考图 S1-12 与图 S1-13 所示步骤，单击拉伸操控板中的按钮，然后单击【放置】命令，在弹出的选项卡中单击【定义】按钮，在弹出的【草绘】对话框中，设置 FRONT 面为草绘平面，RIGHT 面为参照面，参考方向为“右”，然后单击【草绘】按钮，绘制鼠标底面的草图。完成后单击草绘器工具栏中的按钮✔，如图 S1-42 所示。

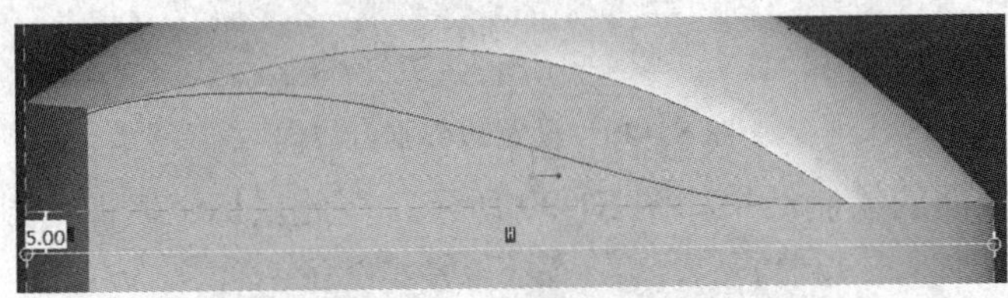

图 S1-42　绘制鼠标底面草图

(2) 参考图 S1-15 所示步骤，在拉伸操控板中选择拉伸方式为(对称拉伸)，设置拉伸深度值为 80 mm，设置完毕后，单击按钮，完成鼠标底面的绘制，如图 S1-43 所示。

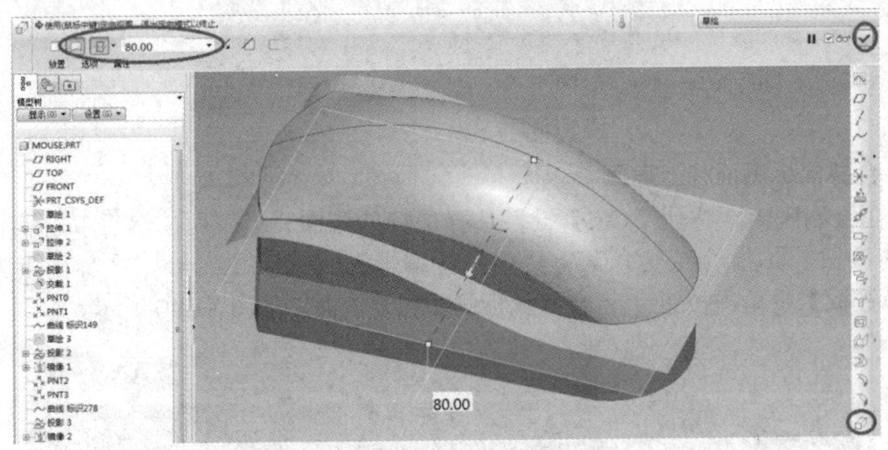

图 S1-43　完成鼠标底面绘制

18. 合并鼠标底面与其他面

(1) 参考图 S1-40 所示步骤，选取要合并的鼠标底面与鼠标侧面及上表面的合并曲面，然后单击编辑特征工具栏中的【合并】按钮，在弹出的【合并操控板】中单击按钮，如图 S1-44 所示。

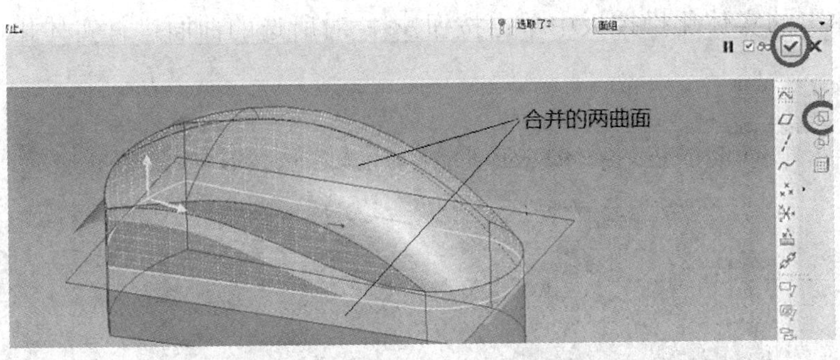

图 S1-44　选取待合并的鼠标曲面

(2) 曲面合并结果如图 S1-45 所示。

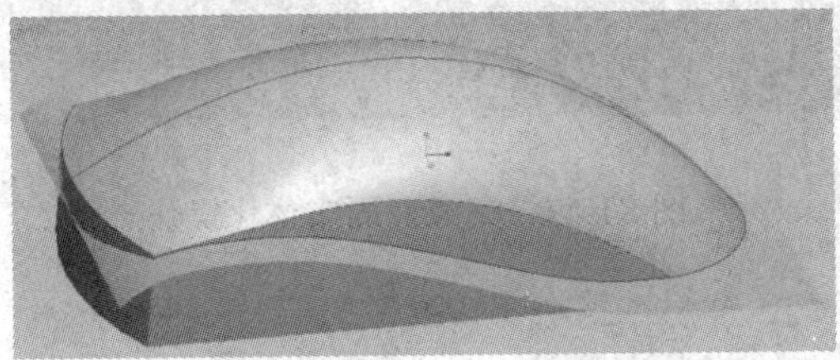

图 S1-45　鼠标曲面合并结果

19. 实体化曲面

(1) 在绘制区中选取已合并的鼠标曲面，选择菜单栏中的【编辑】/【实体化】命令，如图 S1-46 所示。

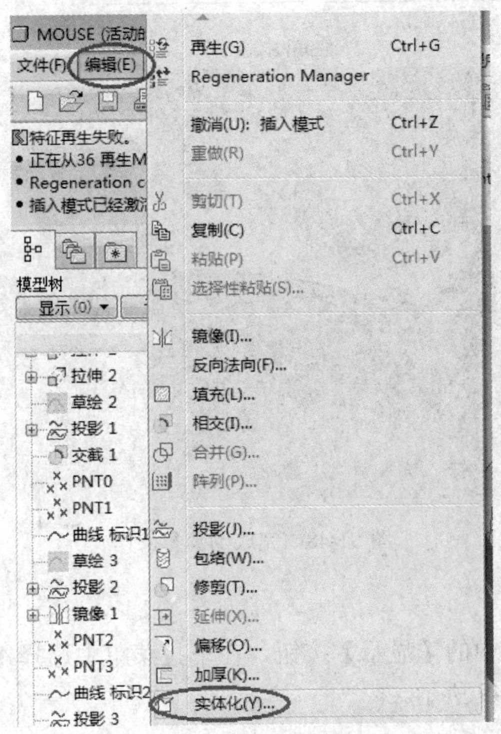

图 S1-46　选择实体化命令

(2) 在弹出的实体化操控板中单击按钮✓，对所选的曲面进行实体化，如图 S1-47 所示。

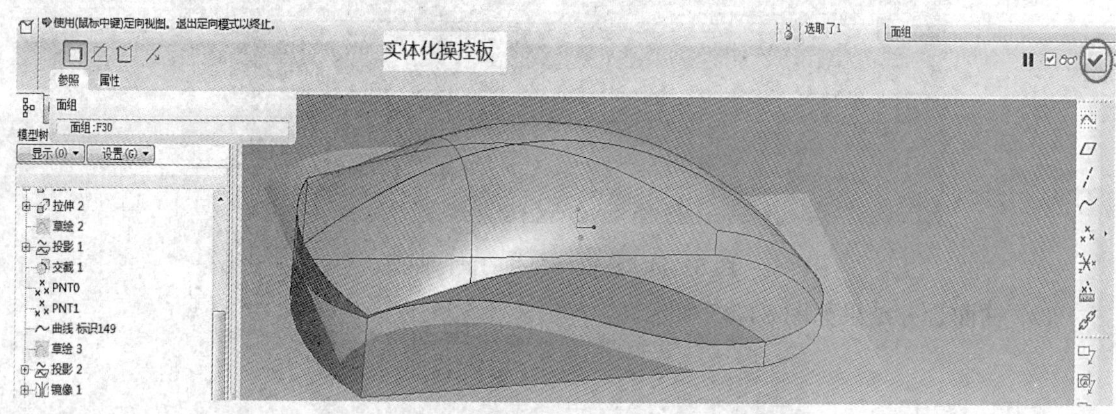

图 S1-47　完成曲面实体化操作

20. 倒圆角

单击工程特征工具栏中的按钮 (倒圆角)或选择菜单栏中的【插入】/【倒圆角】命令，弹出倒圆角操控板，然后按住【Ctrl】键，在绘制区中选取需要倒圆角的边，并在倒圆角操控板中将倒圆角半径设置为 5 mm。设置完毕后，单击操控板中的按钮✓，对所选的边进行倒圆角，如图 S1-48 所示。

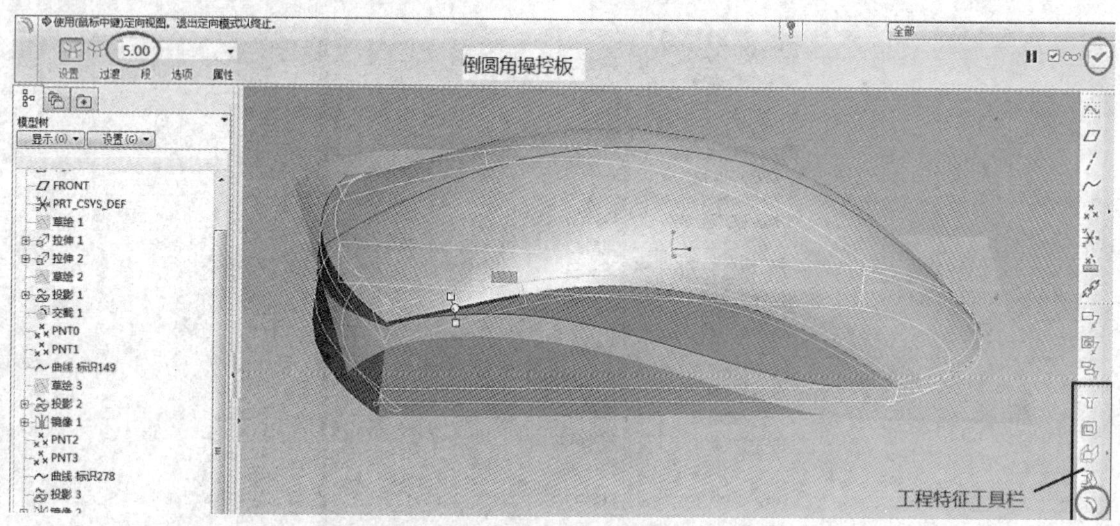

图 S1-48　完成倒圆角操作

21. 隐藏曲面和线

(1) 单击程序主界面中的【显示】按钮，在下拉菜单中选择【层树】命令，在界面右侧显示图层树，如图 S1-49 所示。

图 S1-49　显示图层树

(2) 在图层树界面中，单击【层】目录图标，在弹出的菜单中，选择【新建层】命令，如图 S1-50 所示。

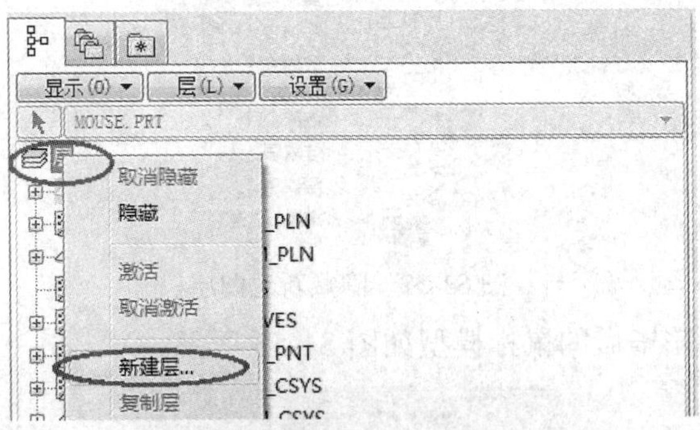

图 S1-50　新建图层

(3) 在弹出的【层属性】对话框中，设置新建图层名称为默认的“LAY0001”，然后按住【Ctrl】键，在绘图区中选取所有需要隐藏的曲线和多余的曲面，随后单击对话框中的【确定】按钮，将所有需要隐藏的图素放入新建图层中，如图 S1-51 所示。

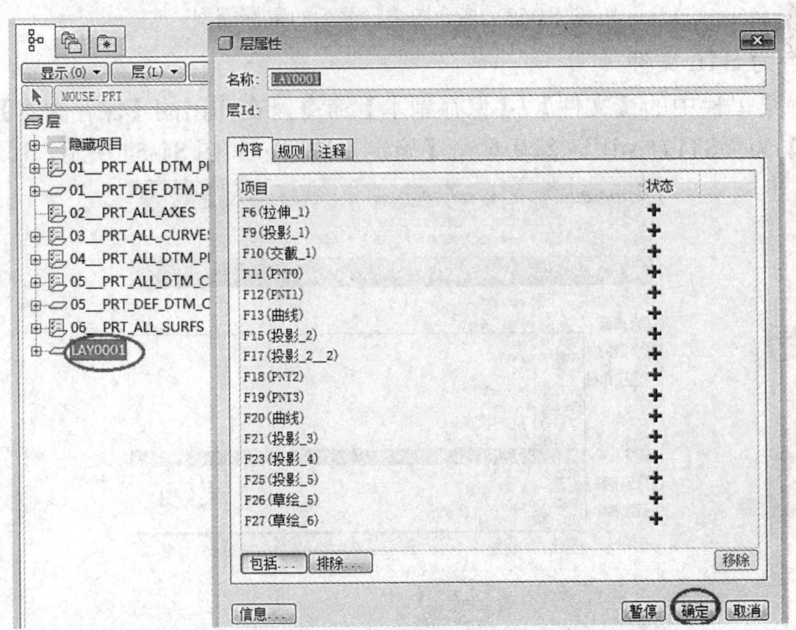

图 S1-51　将待隐藏图素放入新建图层中

(4) 回到图层树界面，单击新建的图层 LAY0001，在弹出的菜单中选择【隐藏】命令，隐藏该图层，如图 S1-52 所示。

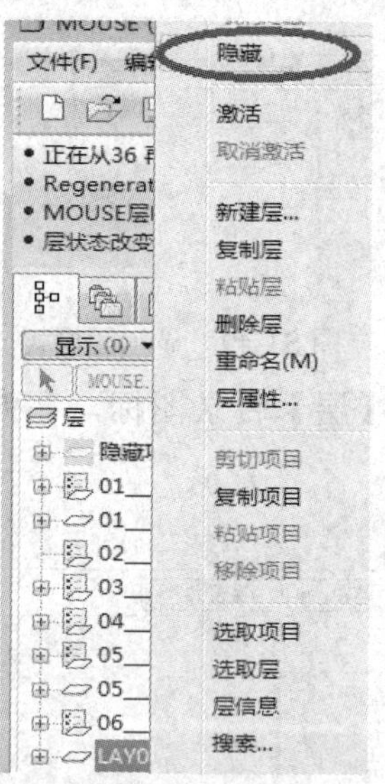

图 S1-52　隐藏新建图层

(5) 多余图素隐藏完毕后的鼠标模型如图 S1-53 所示。

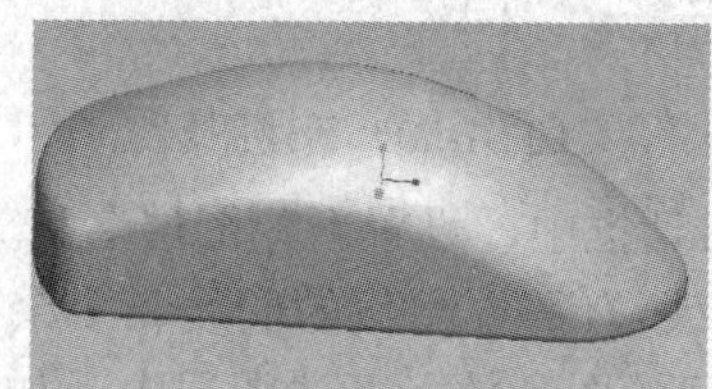

图 S1-53　多余图素隐藏后的鼠标模型

22. 保存为 STL 文件

(1) 选择菜单栏中的【文件】/【保存副本】命令，在弹出的【保存副本】对话框中，选择【类型】为“STL(*.stl)”，然后单击【确定】按钮，如图 S1-54 所示。

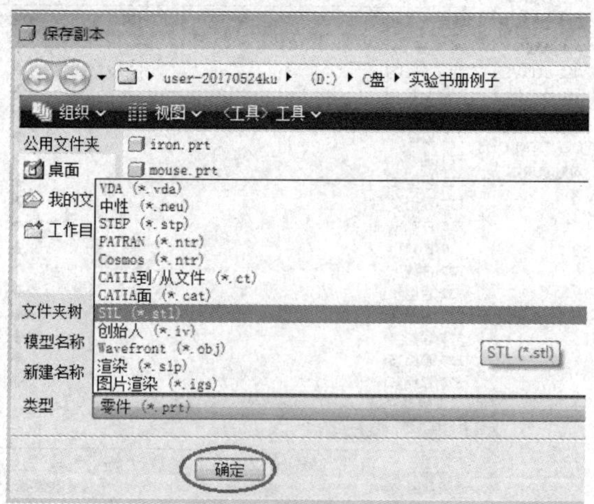

图 S1-54　保存为 STL 文件

(2) 在弹出的【导出 STL】对话框中，按照图 S1-55 所示数据，设置【偏差控制】标

签中的弦高与角度控制参数，将模型的三角形网格调整为合适数量。设置完成后，单击【应用】按钮，然后单击【确定】按钮，将模型保存为 STL 文件。

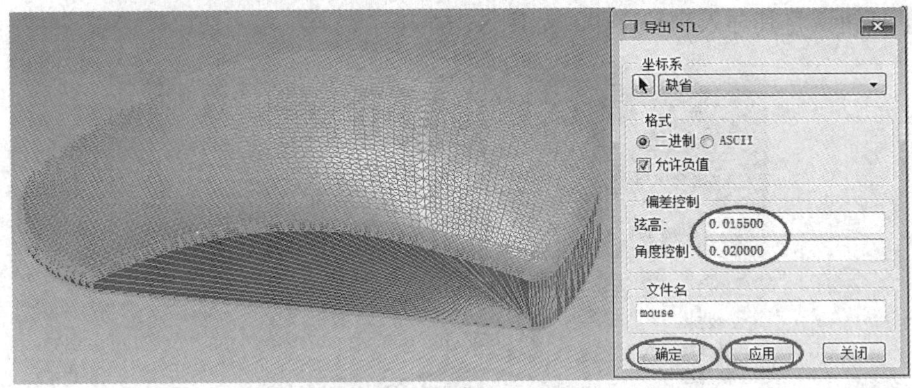

图 S1-55　设置 STL 模型参数

实践 1.2　使用 MakerWare 进行数据处理

Pro/E 建模完成后的模型以 STL 格式的文件保存，可以将该文件导入到 MakerWare 软件，进行分层数据处理。

【分析】

MakerWare 是著名 3D 打印机品牌 MakerBot 的专用分层数据处理软件，分层质量好、效率高，且支持多种操作系统，如 Windows、MAC、Linux 等。

【参考解决方案】

1. 启动 MakerWare

启动数据处理软件 MakerWare，工作界面如图 S1-56 所示。

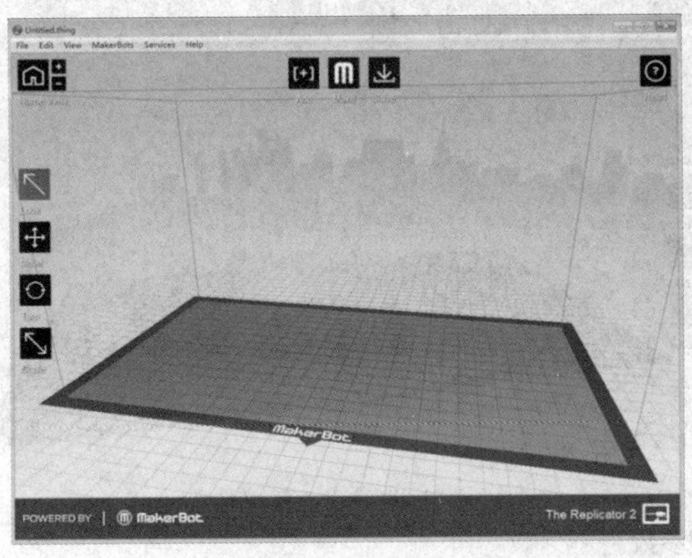

图 S1-56　MakerWare 工作界面

2. 导入 STL 文件

(1) 单击工作界面上方的【Add】按钮，选择之前创建的模型文件 mouse.stl，单击【打开】按钮，将其导入到程序中，如图 S1-57 所示。

图 S1-57　选择需要导入的 STL 文件

(2) 模型成功导入后的界面如图 S1-58 所示。单击界面左侧的【Move】按钮，可以沿 X、Y 或 Z 轴方向对模型进行位置平移；单击【Turn】按钮可以将模型绕各轴进行旋转；单击【Scale】按钮可以对模型进行缩放。

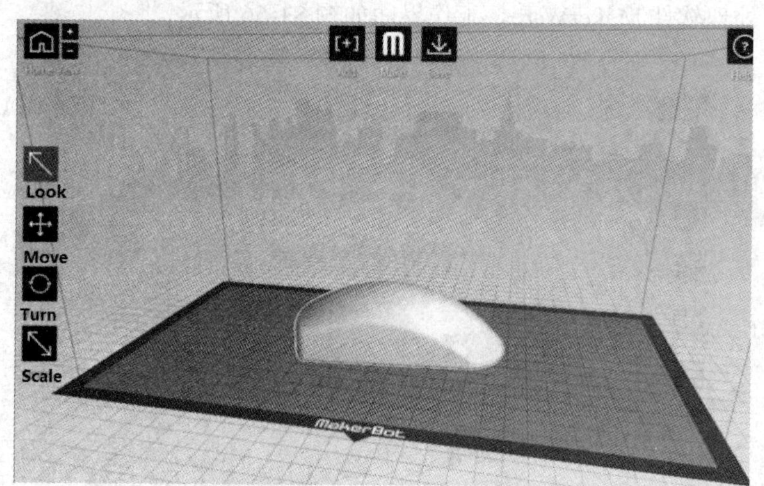

图 S1-58　导入 STL 文件

3. 设置成型参数

(1) 单击【Make】按钮，弹出成型参数设置对话框，其中有两种成型方式可选：

【Make It Now】用于直接联机打印模型；【Export to a File】用于将模型存储到 SD 卡，然后将 SD 卡接入打印机打印模型。如图 S1-59 所示。

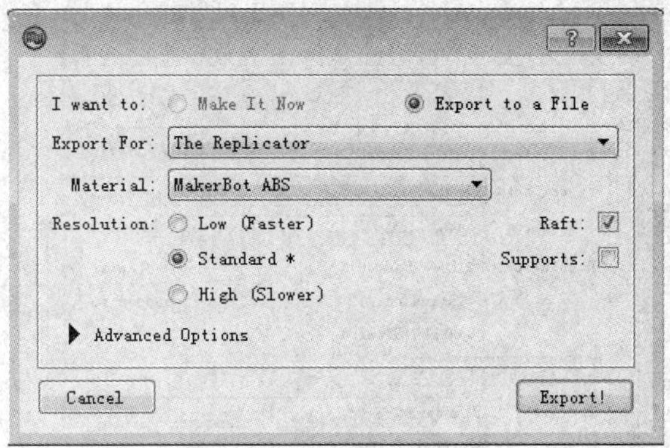

图 S1-59　设置成型方式

本例中，选择【Export to a File】成型方式，并将【Resolution】选项设置为【Standard】(标准打印)，若再勾选【Raft】项，则会在模型底部额外打印一个底座。

(2) 在成型参数设置对话框中，单击【Export for】右侧下拉菜单，将成型机类型设置为【The Replicator】，如图 S1-60 所示。

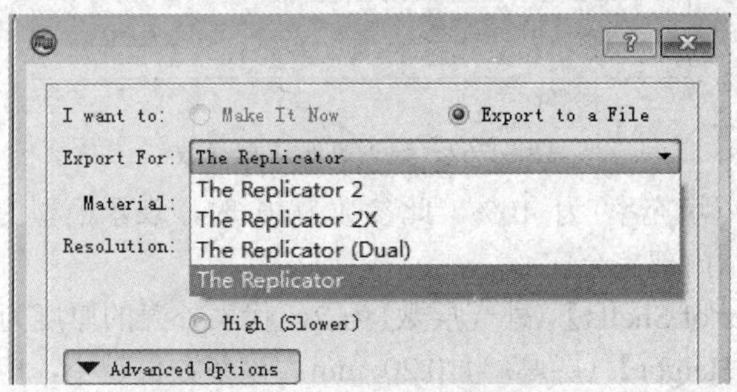

图 S1-60　设置成型机类型

(3) 单击【Material】右侧下拉菜单，将成型材料设置为【MakerBot ABS】，如图 S1-61 所示。

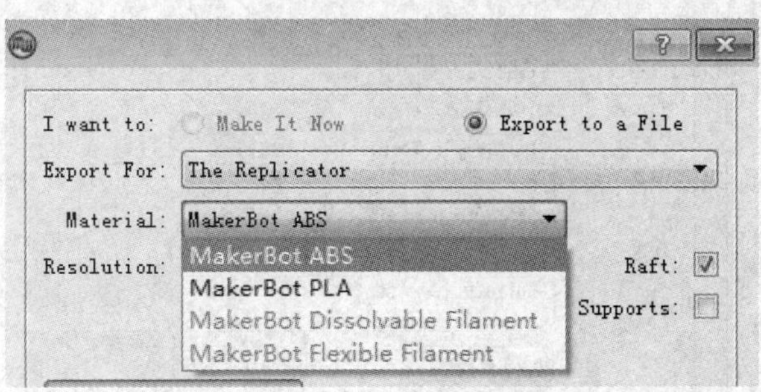

图 S1-61　设置成型材料

(4) 单击【Advanced Options】按钮，显示高级选项设置对话框，然后单击【Slicer】(分层)设置中的【Quality】选项卡，设置高级成型参数，如图 S1-62 所示。

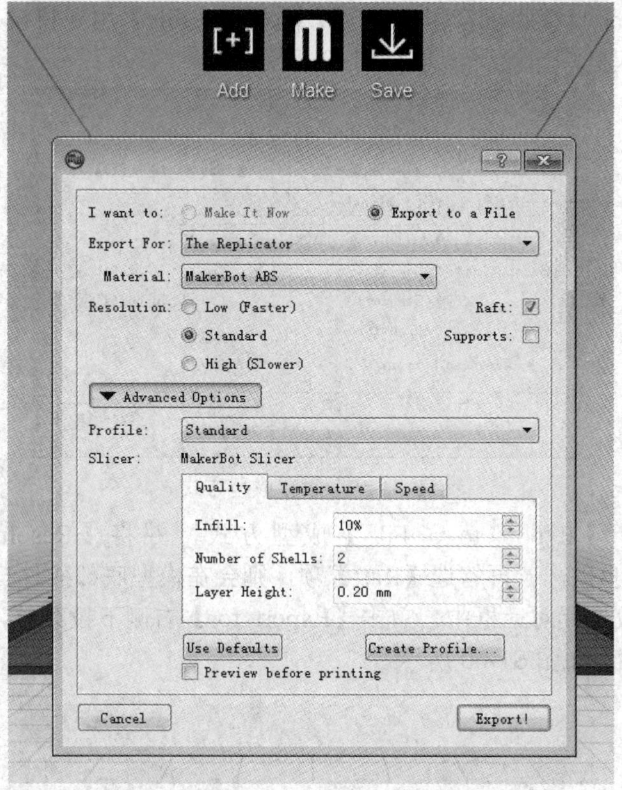

图 S1-62　设置高级成型参数

✧ 设置【Infill】(填充率)为 10%。此参数为 0 时，表示模型内部空心且无支撑；此参数为100%时，表示内部完全实心。

✧ 设置【Number of Shells】(外壳层数)为 2，代表外壳的厚度为 2 倍喷嘴直径。

✧ 设置【Layer Height】(层厚)为 0.20 mm。该参数值越小，成型精度越高，成型时间也越长，反之则精度降低，成型时间也相应缩短，但该参数的最大值通常不要超过喷嘴直径的 3/4(注：此成型机喷嘴直径为 0.4 mm)。

(5) 单击【Slicer】设置中的【Temperature】选项卡，设置成型温度参数，如图 S1-63 所示。

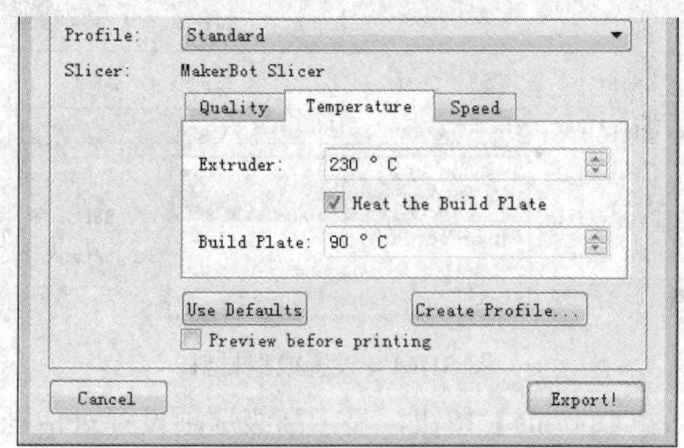

图 S1-63　设置成型温度参数

✧ 对于 ABS 材料，通常将【Extruder】(挤出温度)设置为 230℃；而对于 PLA 材料，该参数的值一般应设置在 180℃～200℃之间。

✧ ABS 材料需要加热底板，因此要勾选【Heat the Build Plate】项，然后在【Build Plate】中设置加热底板的温度，一般应设置在 40℃～90℃之间，室温低时可酌情增高；而 PLA 材料不需要加热底板，因此不必勾选该项。

(6) 单击【Slicer】设置中的【Speed】选项卡，设置成型速度参数，如图 S1-64 所示。

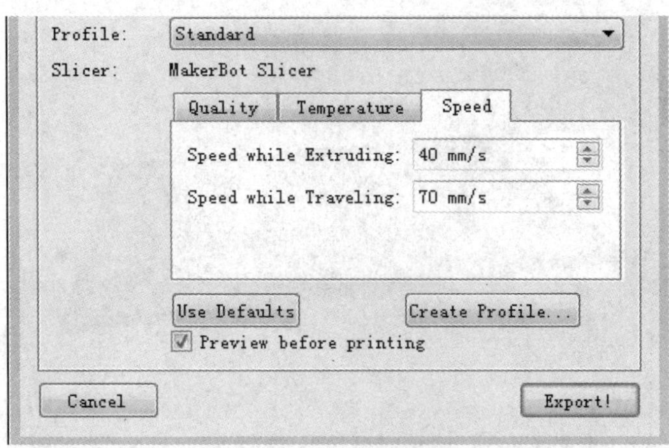

图 S1-64　设置挤压机速度

✧ 设置【Speed while Extruding】(挤出时的移动速度)为 40 mm/s。

✧ 设置【Speed while Traveling】(空走速度)为 70 mm/s。

✧ 勾选【Preview before printing】，可在成型之前预览模型分层的情况。

(7) 全部设置完成后，单击【Export!】按钮，出现分层预览窗口，如图 S1-65 所示。

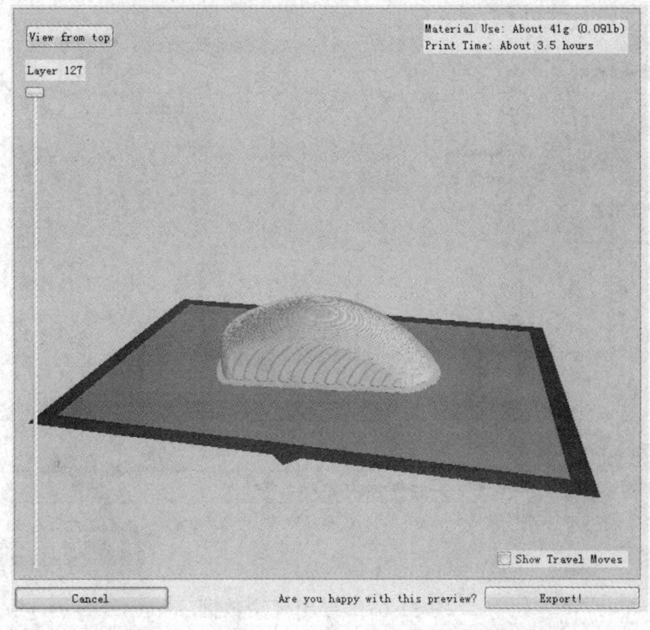

图 S1-65　预览模型分层

在分层预览窗口中，通过滑动窗口左侧的滚动条，可以任意查看某一层的截面及填充情况，如图 S1-66 所示。

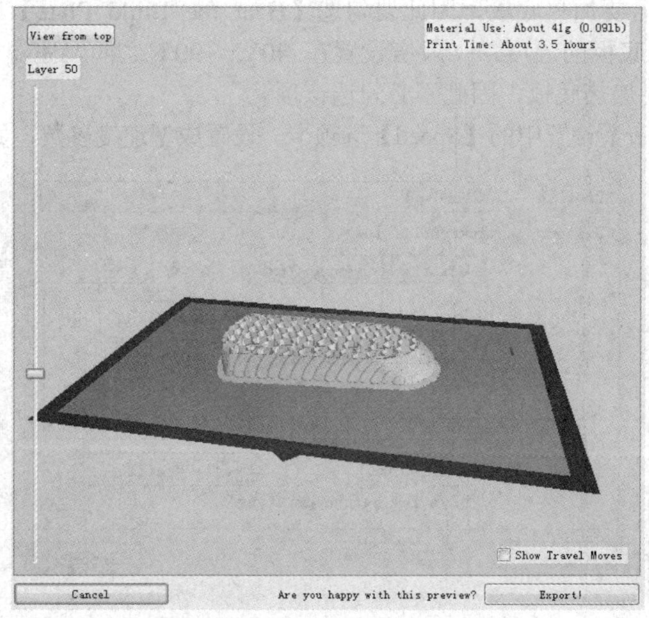

图 S1-66　预览模型截面

4. 导出模型数据

预览完毕后，单击【Export!】按钮，选择保存类型为.s3g 格式，将处理完毕的模型数据导出，然后保存到 SD 卡中，以备脱机打印，如图 S1-67 所示。

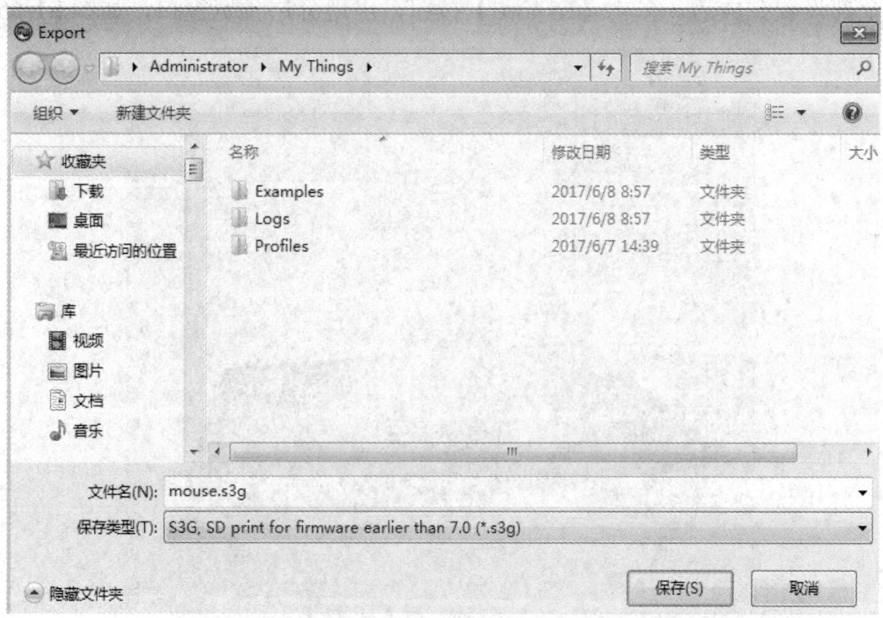

图 S1-67　导出模型数据

实践 1.3　使用 FDM 打印机输出模型

从 MakerWare 导出的模型数据可以直接输入 3D 打印机进行快速成型。

【分析】

(1) 本实践使用的 3D 打印设备为玩悟魔方 Migce cuble，其基本结构如图 S1-68 所示。

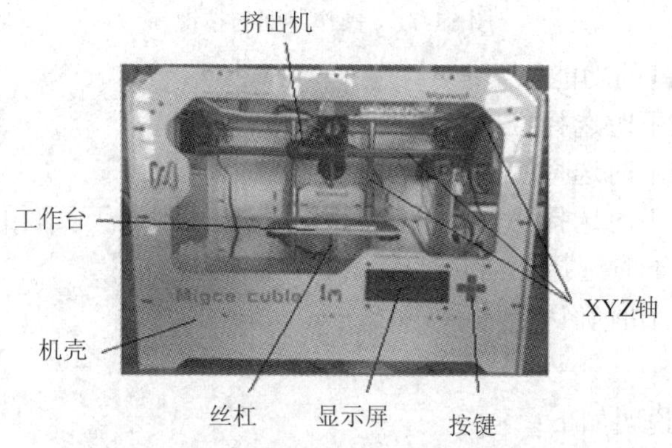

图 S1-68　玩悟魔方 Migce cuble 3D 打印机

(2) 本实践所用的成型材料为 ABS 丝料(黄色，直径 1.75 mm)，成型温度为 230℃～250℃，如图 S1-69 所示。

图 S1-69　ABS 成型材料

【参考解决方案】

1. 启动打印机

(1) 开启打印机电源，开机界面如图 S1-70 所示。

图 S1-70　开机界面

(2) 进入操作菜单，如图 S1-71 所示。

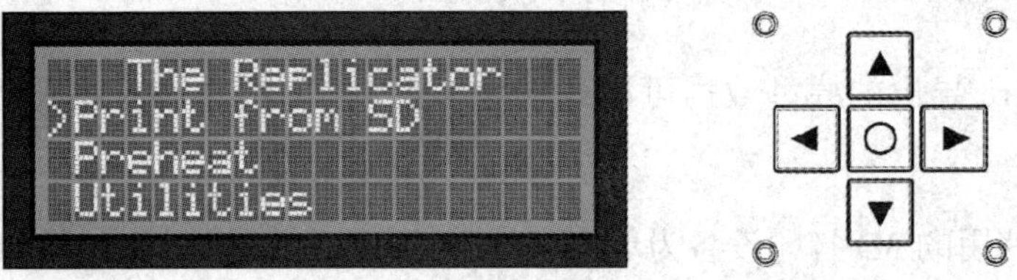

图 S1-71 操作界面与按键

打印机各操作按键的功能如下：

✧ ▲(向上)：按下时选择栏向上翻滚。

✧ ▼(向下)：按下时选择栏向下翻滚。

✧ ◄(向左)：按下时选择栏向左翻滚，同时有退回到上级页面的功能。

✧ ►(向右)：按下时选择栏向右翻滚。

✧ ○(中键)：按下时确认选项。

2．熟悉操作

操作界面各选项说明如下：

(1) Print from SD：从 SD 卡里建立打印任务，且 SD 卡中的文件格式必须是 .s3g 才能被识别。

(2) Preheat：预热设置，包括对喷嘴和加热板的设置。如图 S1-72 所示，【Extruder】为喷嘴，【ON】代表加热开启；【Platform】为加热板，【OFF】代表加热关闭。

图 S1-72 Preheat 预热设置

注意：开启加热底板时，会先加热底板到预定温度后才开始加热喷嘴。若使用 PLA 材料打印，不需要加热底板，而是直接加热喷嘴，加热板只显示现在的温度，通常为室温；但若使用 ABS 材料打印，则需要开启加热底板设置，底板达到预设温度后才开始加热喷嘴，两者都加热完成后才开始打印。

(3) Utilities：实用工具。项目如图 S1-73 所示。

图 S1-73 Utilities 工具选项

✧ Monitor Mode(打印机温度显示)：可以显示当前喷嘴和平台的加热温度。

✧ Change Filament(更换材料)：用于给打印机上料。

✧ Level Build Plate：用于调平平台。

✧ Home Axes：让挤出机和加热平台回到机械原点。

(4) Info and Setting：打印机设置。项目如图 S1-74 所示。

图 S1-74　Info and Setting 设置选项

✧ Bot Statistics：显示打印机的状况，包括打印机的打印时间总长及上次打印耗时。

✧ General Setting：显示打印机基础设定。

✧ Preheat Setting(预热选项)：包括对喷嘴和加热板预热温度上限的设置。通常状况下建议使用默认设置。

3．调平打印机

(1) 选择【Utilities】项，按中键确认，如图 S1-75 所示。

图 S1-75　进入实用工具设置

(2) 在出现的菜单中选择【Level Build Plate】项，按中键确认，如图 S1-76 所示。

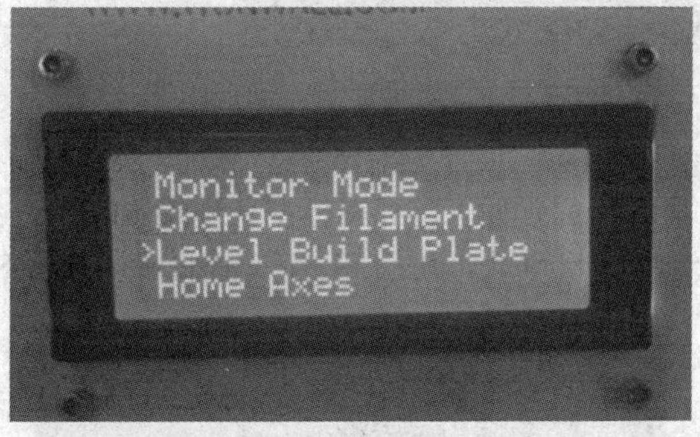

图 S1-76　选择打印机调平命令

(3) 随后打印机会在平台上选取五个点，开始进行调平工作。每个点的调平都是通过手动逐一调整平台底部的某两个螺母(如图 S1-77 所示)实现。打印机平台与喷嘴之间的距离以恰好通过一张纸的厚度为宜，当五个位置点经过两次逐点调整后，则整个平台基本处于水平状态。

图 S1-77　平台底部的调平螺母

4. 设置预加热项

(1) 选择【Preheat】项，按中键确认，如图 S1-78 所示。

图 S1-78　进入预加热设置

(2) 弹出预加热设置，因本实践使用的打印材料为 ABS，所以应将【Extruder】和【Platform】这两项都设置为【ON】，然后按中键确认，如图 S1-79 所示。

图 S1-79　开启喷嘴和平台的预加热选项

5. 导入模型数据

(1) 在如图 S1-80 所示的位置插入保存有模型数据的 SD 卡，然后在控制台界面选择【Build from SD】命令，按中键确认，访问 SD 卡文件目录，如图 S1-81 所示。

图 S1-80　插入 SD 卡

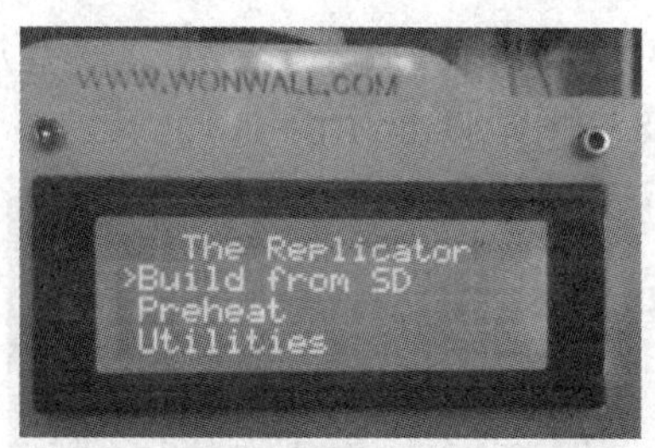

图 S1-81　访问 SD 卡

(2) 在出现的文件选择菜单中，选择需要打印的文件 mouse.s3g，按中键确认，如图 S1-82 所示。

图 S1-82　选择要打印的模型

6. 打印模型

(1) 开始打印后，先进行平台加热，如图 S1-83 所示。达到预设温度后，设备会再加热喷嘴到预设温度，如图 S1-84 所示。

图 S1-83　加热平台

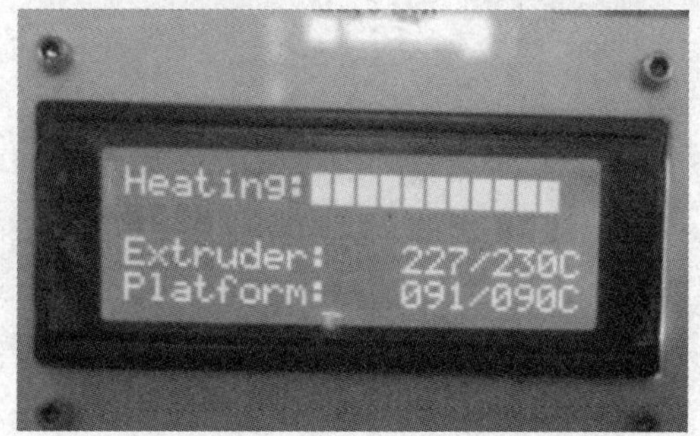

图 S1-84　加热喷嘴

(2) 加热完成后开始打印。首先打印底座，然后逐层叠加，同时按照预设的填充率对模型内部进行填充，如图 S1-85 和图 S1-86 所示。

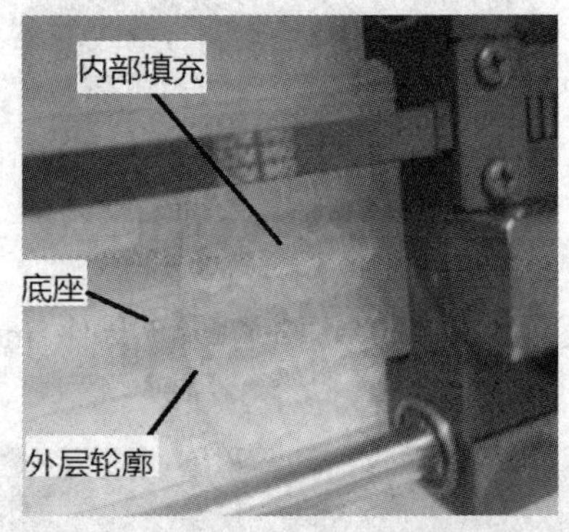

图 S1-85　打印模型

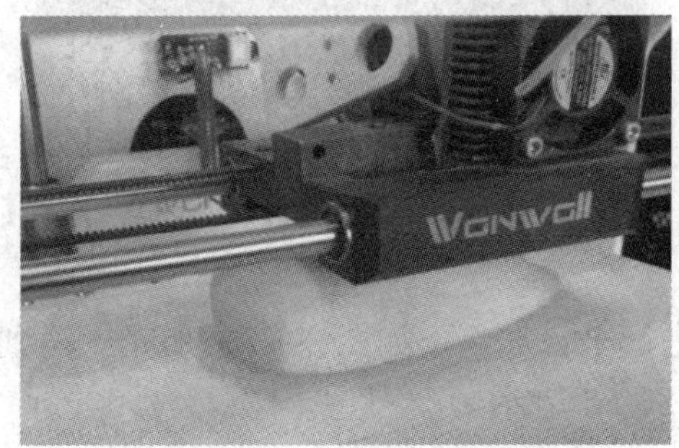

图 S1-86　逐层叠加过程

(3) 打印完成后，挤出机回到机械原点，平台降到最低，打印结束。

实践 2　越疆魔术手打印笔筒模型

实践指导

越疆魔术师机械臂是一种高精度 4 轴桌面智能机械臂，可以进行吸取、夹取、写字绘图、激光雕刻、3D 打印等多种操作。本实践使用其中的 3D 打印功能进行笔筒模型的打印，步骤如下：首先使用 SolidWorks 软件建立三维模型，然后导入到 Repetier Host 软件中设置打印参数，最后使用机械臂进行逐层叠加打印。

实践 2.1　使用 SolidWorks 构建笔筒模型

本实践需要构建的笔筒三维模型如图 S2-1 所示。

图 S2-1　笔筒三维模型

【分析】

(1) 本实践使用 SolidWorks 2015 完成建模过程，程序安装包可从网上下载。

(2) 笔筒模型的构建思路如图 S2-2 所示。

① 建立基准面 1 和 2。

② 绘制草图 1。

③ 绘制草图 2。

④ 绘制草图 3。

⑤ 放样。

⑥ 底面边界倒角。

⑦ 抽壳。

⑧ 上表面边界倒角。

⑨ 建模完成。

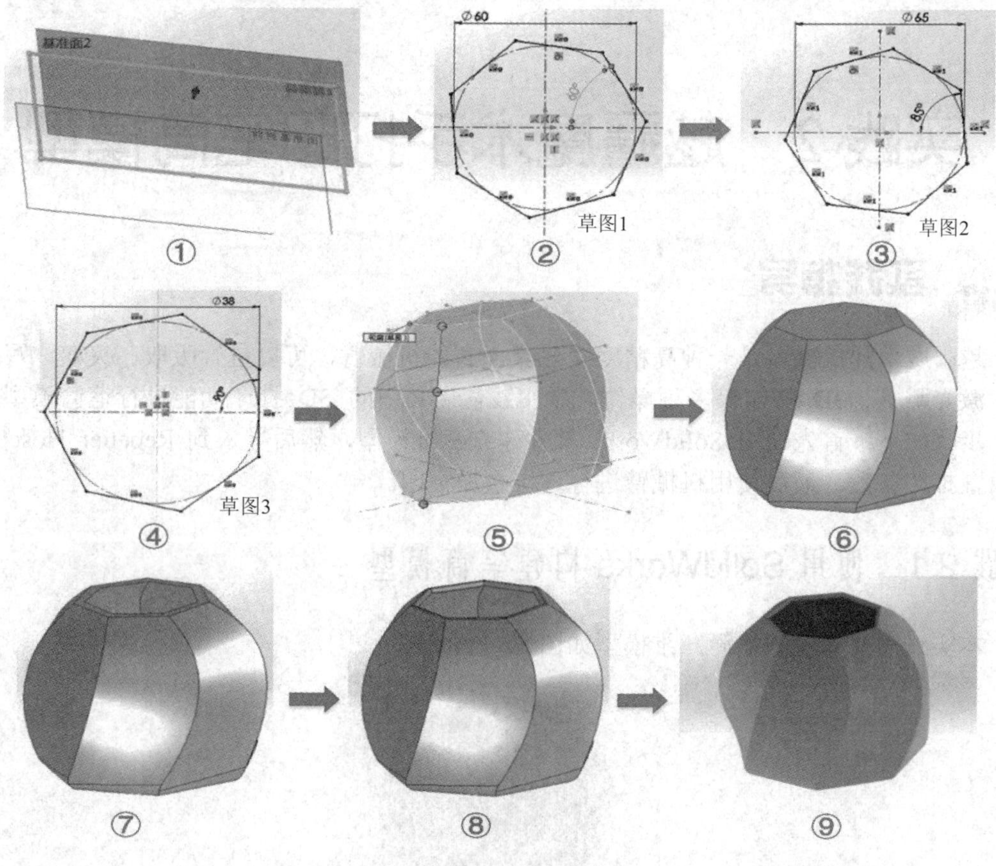

图 S2-2　笔筒建模思路

【参考解决方案】

1．启动建模软件

双击程序图标，启动 SolidWorks 2015，界面如图 S2-3 所示。

图 S2-3　SolidWorks 2015 界面

2．新建模型文件

单击工具栏中的按钮 (新建)，弹出【新建 SOLIDWORKS 文件】对话框，在对话框左侧窗口中选择【零件】图标，再单击【确定】按钮，创建一个新的模型文件，如图 S2-4 所示。

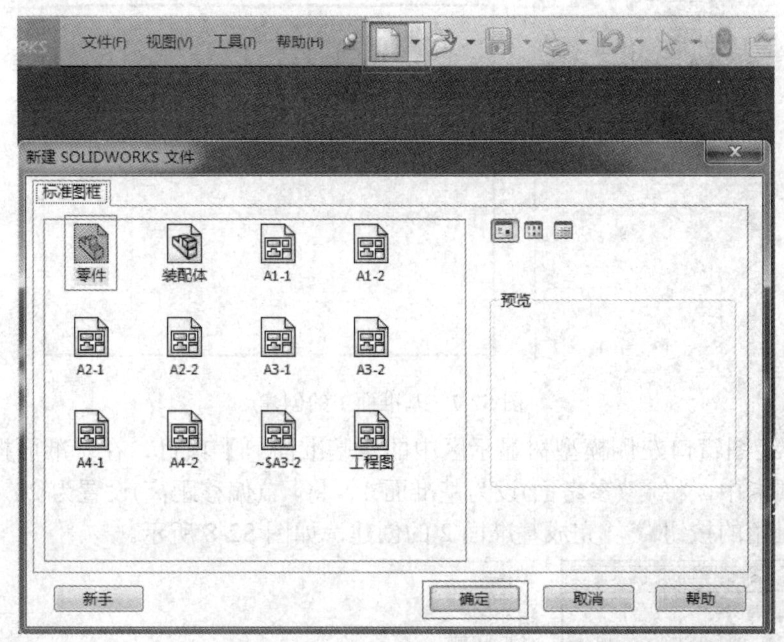

图 S2-4　新建模型文件

3．建立基准平面

(1) 单击左侧工具栏中按钮 (参考几何体)右边的小三角，在弹出的菜单中，选择【基准面】命令，然后单击 (模型树)选项卡，选择其中的【前视基准面】项目，如图 S2-5 所示。在弹出的基准面控制板的【第一参考】选项卡中，将 (偏移距离)设置为 40 mm，如图 S2-6 所示。单击控制板左上角的按钮 ，完成基准面 1 的创建，如图 S2-7 所示。

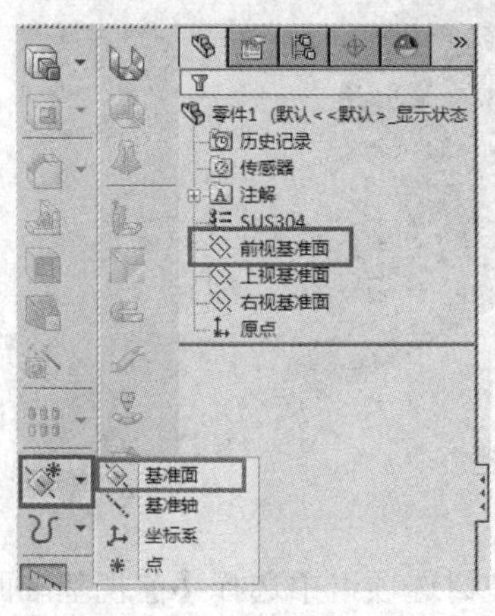

图 S2-5　选择基准面

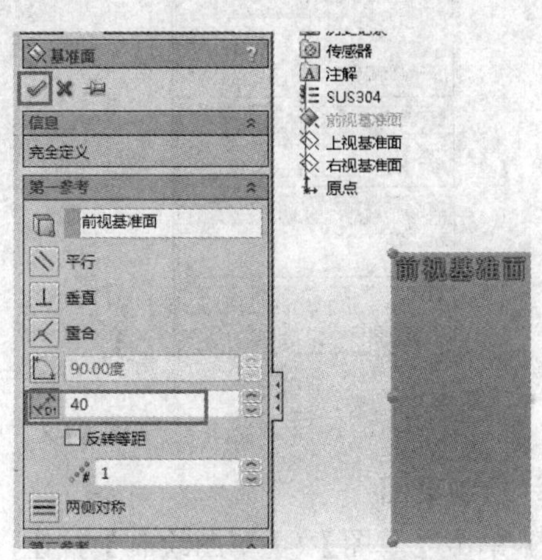

图 S2-6　设置基准面参数

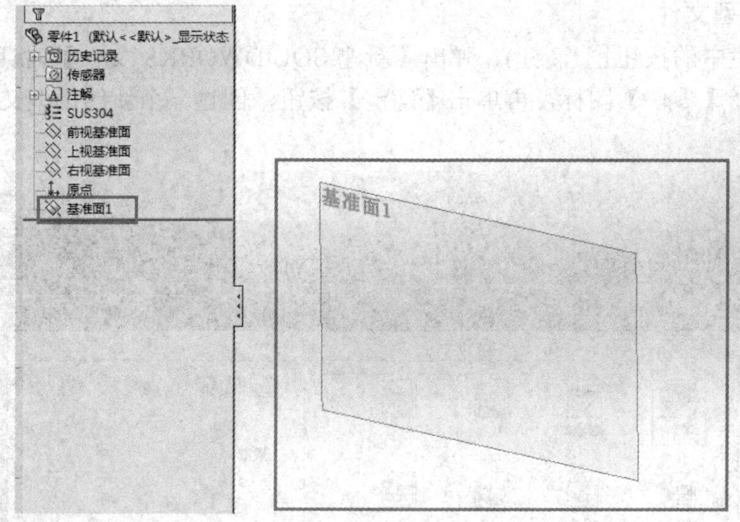

图 S2-7　基准面 1 的创建

(2) 单击绘图窗口左侧模型树显示区中的【基准面 1】项目，在基准面控制板的【第一参考】选项卡中，将 (参考面)设为基准面 1，将 (偏移距离)设置为 20 mm，然后单击控制板左上角的按钮 ，完成基准面 2 的创建，如图 S2-8 所示。

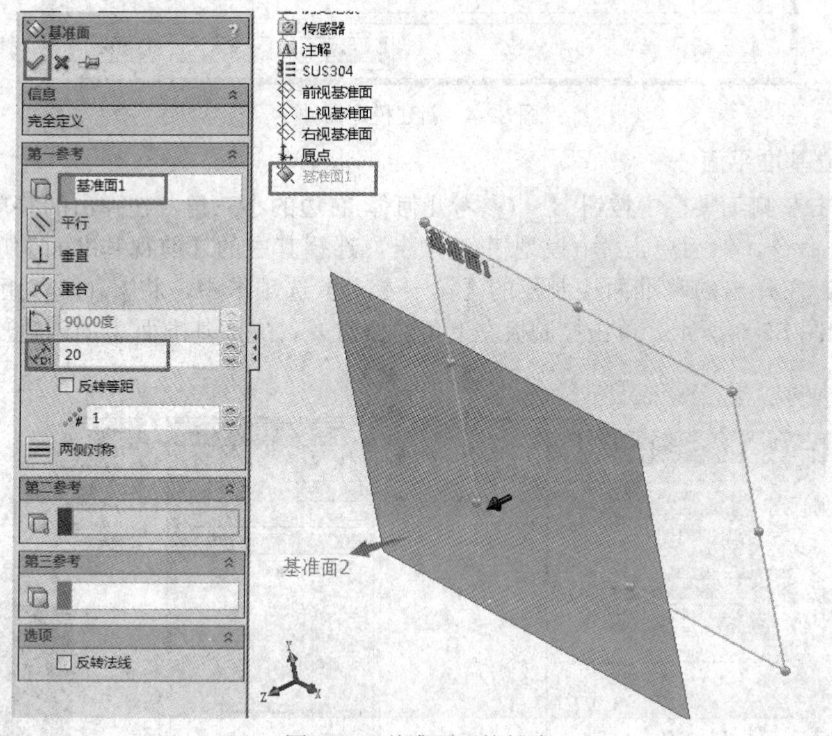

图 S2-8　基准面 2 的创建

4．绘制草图

(1) 单击【草图】/【草图绘制】按钮，然后在模型树选项卡中选择【前视基准面】项目，将前视基准面作为绘图平面，如图 S2-9 所示。

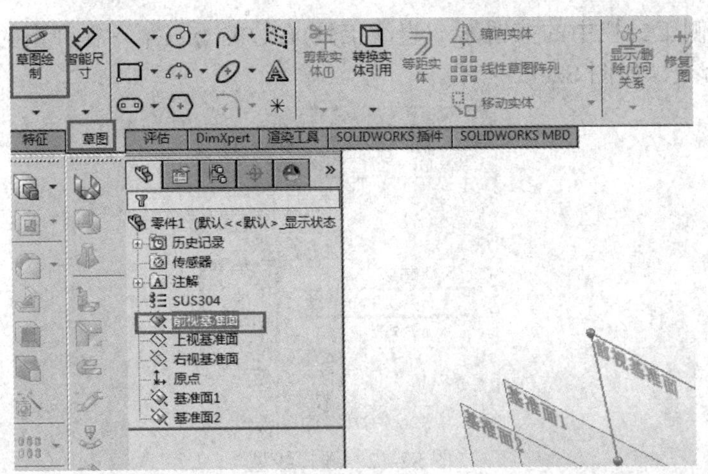

图 S2-9 选择绘图平面

(2) 在绘图窗口的前视基准面上单击坐标原点(图中方框处)，然后单击右侧工具栏中的按钮(多边形)，弹出多边形控制板，如图 S2-10 所示。

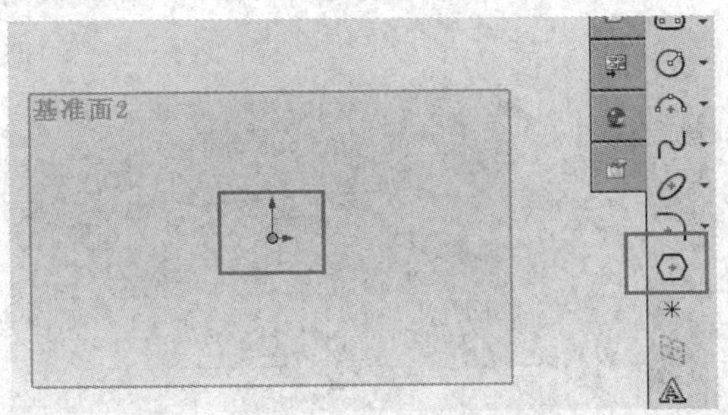

图 S2-10 选择多边形工具

(3) 在多边形控制板的【参数】选项卡中，将(多边形边数)设置为 7，然后选择【内切圆】项，并将(内切圆直径)设置为 60 mm。设置完毕后，单击控制板左上角的按钮，完成草图 1 的绘制，如图 S2-11 所示。

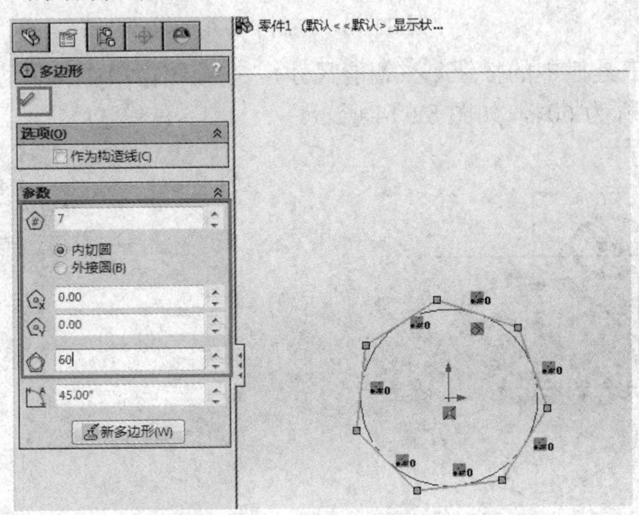

图 S2-11 草图 1 的绘制

(4) 单击右侧工具栏中的按钮╲ˇ(直线工具)右边的小三角，在弹出的下拉菜单中，选择【中心线】命令，如图 S2-12 所示。

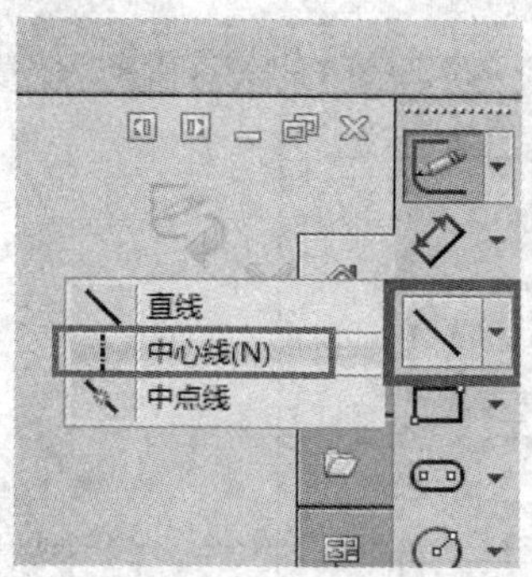

图 S2-12 选择线型

(5) 在绘图窗口的前视基准面上移动鼠标，软件的感应捕捉功能会自动生成通过坐标原点的虚线，此时单击屏幕，建立中心线的第一个点；然后将鼠标移动到原点的另一个方向，当虚线通过原点时，再次单击屏幕，通过原点的中心线就绘制完成了，如图 S2-13 所示。

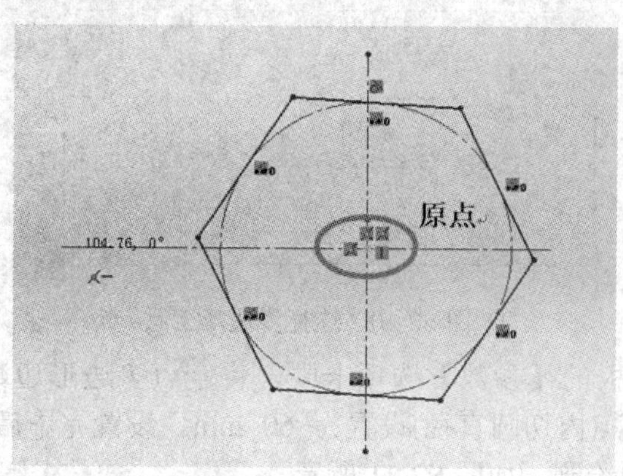

图 S2-13 绘制中心线

(6) 单击右侧工具栏中的按钮(智能尺寸)，在绘图窗口中将多边形内切圆的直径标注为 60 mm，角度标为 60°，如图 S2-14 所示。

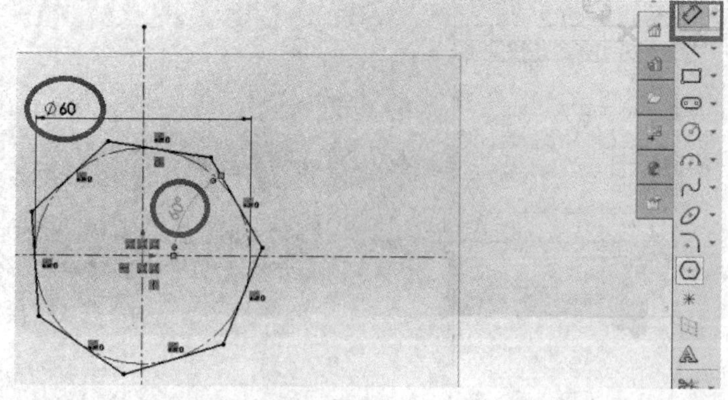

图 S2-14 标注内切圆半径和多边形角度

(7) 参考上述步骤，在基准面 1 上绘制草图 2，如图 S2-15 所示；在基准面 2 上绘制草图 3，如图 S2-16 所示。

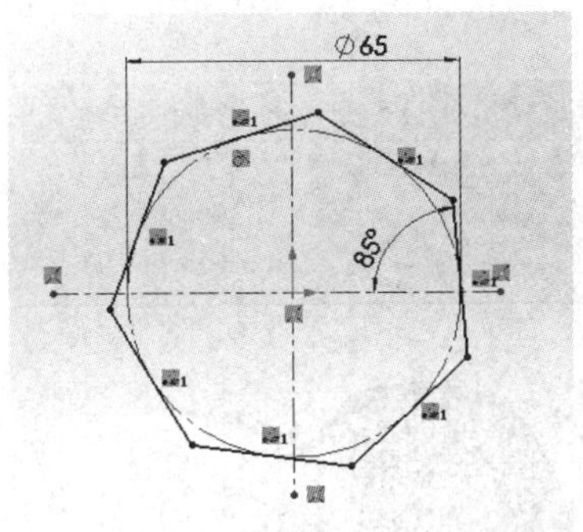

图 S2-15　绘制草图 2

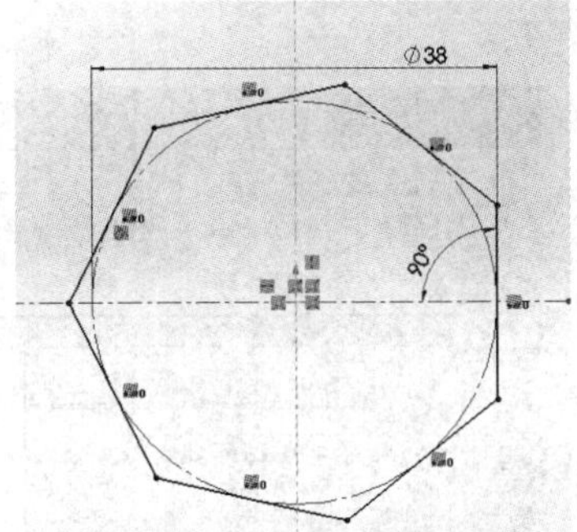

图 S2-16　绘制草图 3

5. 放样

(1) 单击菜单栏中的【插入】/【凸台/基体】/【放样】命令，弹出放样控制板，如图 S2-17 所示。

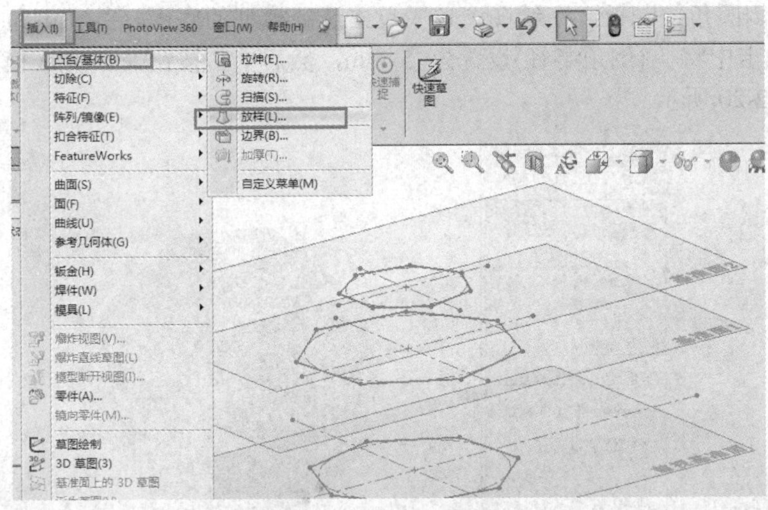

图 S2-17　选择放样命令

(2) 在绘图窗口左侧的模型树显示区中，选择刚绘制完成的草图 1、草图 2 和草图 3，然后单击按钮✔进行放样，如 S2-18 所示。

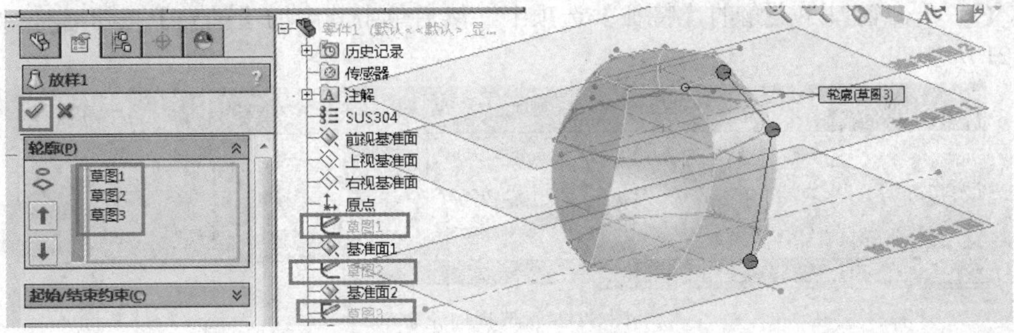

图 S2-18　放样完成

6．底面边界倒角

(1) 单击窗口左上角的【特征】选项卡，然后单击其中的【圆角】按钮，如图S2-19所示。

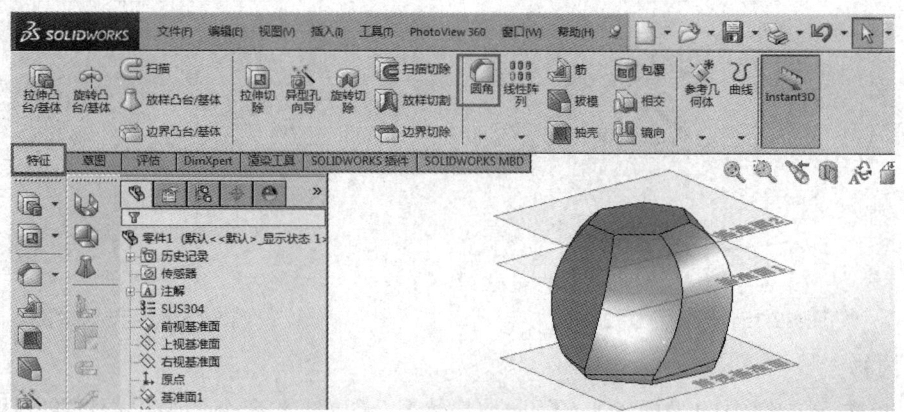

图 S2-19　选择倒圆角命令

(2) 弹出倒圆角控制板，在绘图窗口中单击选择模型的底面，并在倒角控制板的【圆角参数】选项卡中将(倒角半径)设置为 5 mm，然后单击按钮，完成模型底面边界的倒角，如图 S2-20 所示。

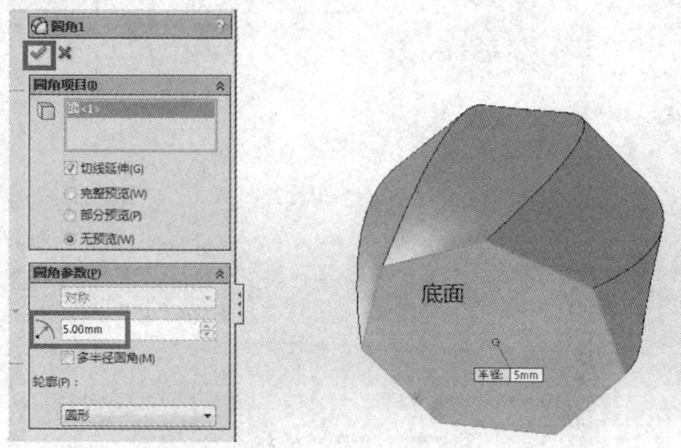

图 S2-20　底面边界倒圆角

7. 抽壳

(1) 单击窗口左上角的【特征】选项卡，然后单击其中的【抽壳】按钮，如图S2-21所示。

图 S2-21　选择抽壳命令

(2) 弹出抽壳控制板，在其中的【参数】选项卡中，将(抽壳厚度)设置为 2 mm，然后在绘图窗口中单击选择上平面，将其设置为需要移除的曲面。设置完毕后，单击按钮，完成抽壳操作，如图 S2-22 和图 S2-23 所示。

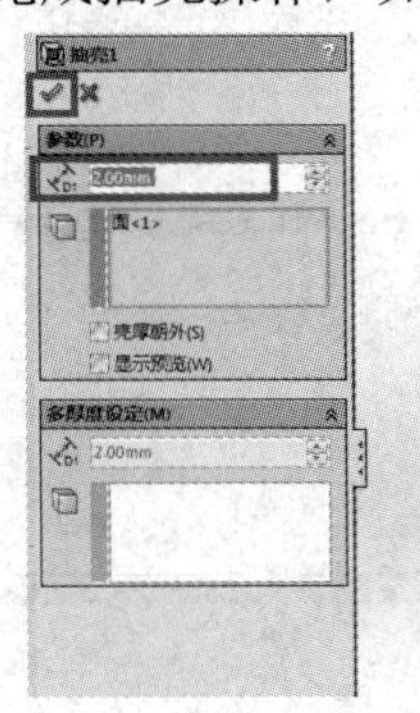

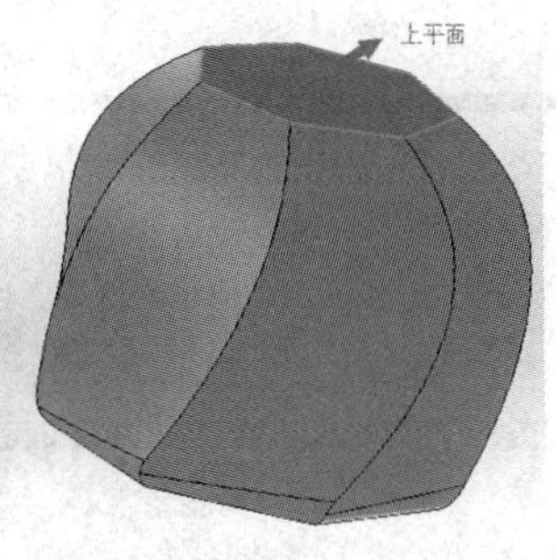

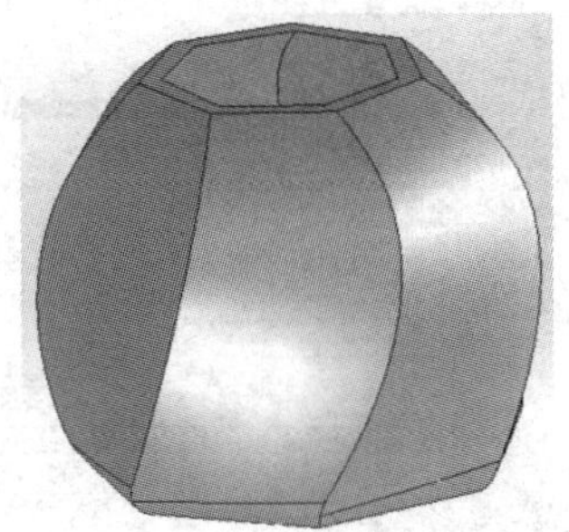

图 S2-22　选择移除的曲面　　　　图 S2-23　抽壳结果

8. 上平面边界倒角

(1) 按照与步骤 6 相同的方法，对抽壳完成的模型的上平面进行倒角处理，并在控制板中将(倒角半径)设置为 1 mm，如图 S2-24 所示。

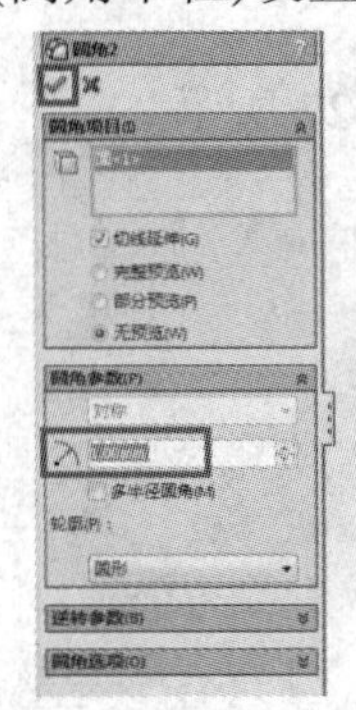

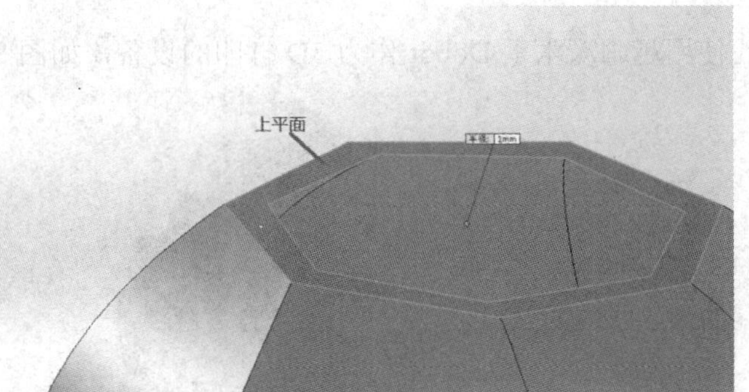

图 S2-24　执行上平面倒角

(2) 最终完成的笔筒模型如图 S2-25 所示。

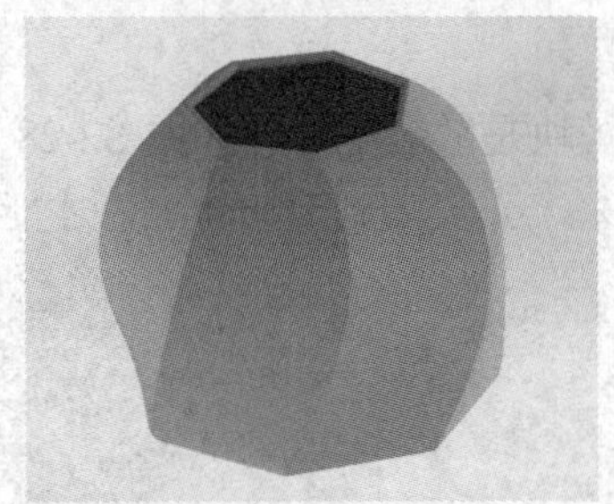

图 S2-25　笔筒模型完成图

9. 保存为 STL 文件

单击菜单栏中按钮(保存)右边的小三角，在下拉菜单中选择【另存为】命令，然后在弹出的【另存为】对话框中，选择【保存类型】为“STL(*.stl)”，并将文件命名为“零件 1”，最后单击【保存】按钮，将模型保存为 STL 文件格式，如图 S2-26 所示。

图 S2-26　保存为 STL 文件

实践 2.2　组装 3D 打印设备

本实践使用越疆魔术手 Dobot 作为 3D 打印的设备，如图 S2-27 所示。

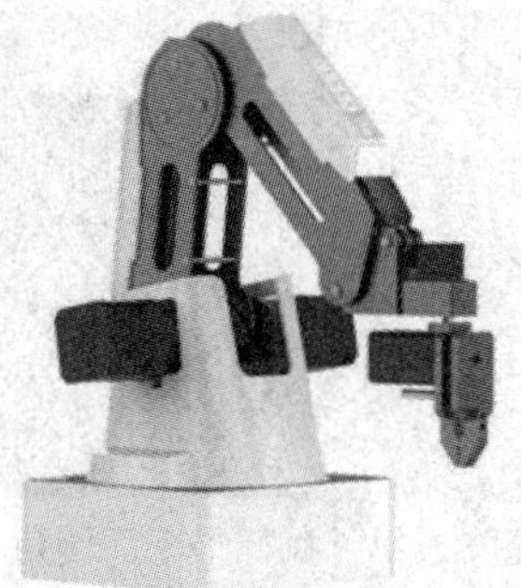

图 S2-27　越疆魔术手 Dobot

【分析】

Dobot 配套提供的 3D 打印模块是散装配件，如图 S2-28 所示，因此在打印前，需要先将这些 3D 打印模块的配件组装起来，并安装到 Dobot 上，才能使用 Dobot 进行 3D 打印。

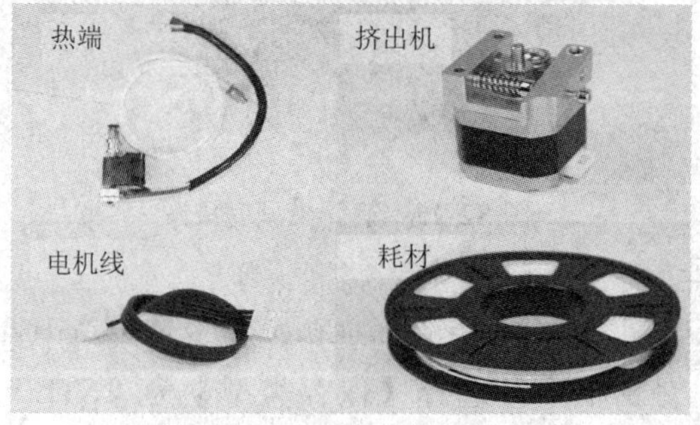

图 S2-28　Dobot 的 3D 打印配件

【参考解决方案】

1．插入耗材

(1) 用手压下挤出机上面的压杆，将打印耗材通过滑轮直插到底部通孔，如图 S2-29 所示。

图 S2-29　插入打印耗材

(2) 将耗材插入进料管，一直插到热端底部，然后把进料管的快速接头在挤出机上拧紧固定，如图 S2-30 所示。注意：此时必须确保进料管本身也是一直插到热端底部的，否则会导致出料异常。

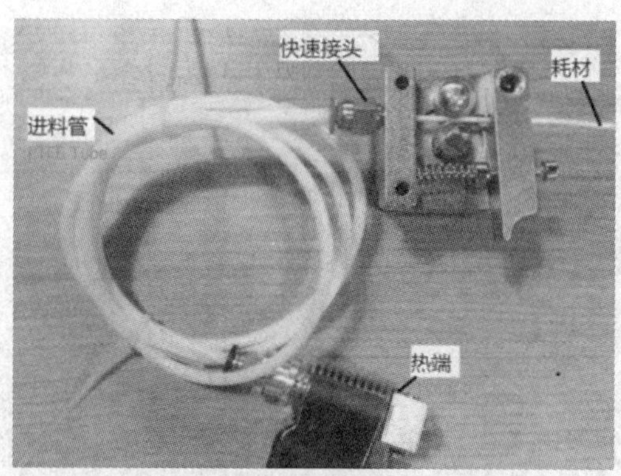

图 S2-30　连接挤出机和热端

2．热端接线

(1) 用蝴蝶螺母将热端锁紧在 Dobot 的末端插口中，如图 S2-31 所示。

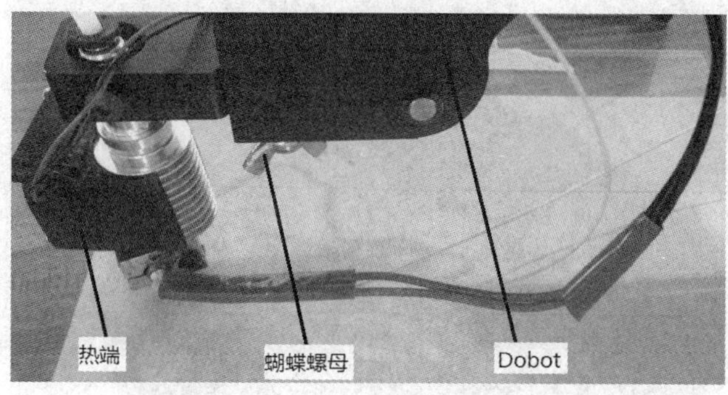

图 S2-31　安装热端到 Dobot 上

(2) 热端的另一端有三组接线，分别是热敏电阻线、风扇线和加热棒线，如图 S2-32 所示。将加热棒线接入 Dobot 的接口 4 上，风扇线接在接口 5 上，热敏电阻线接在接口 6 上，如图 S2-33 所示。

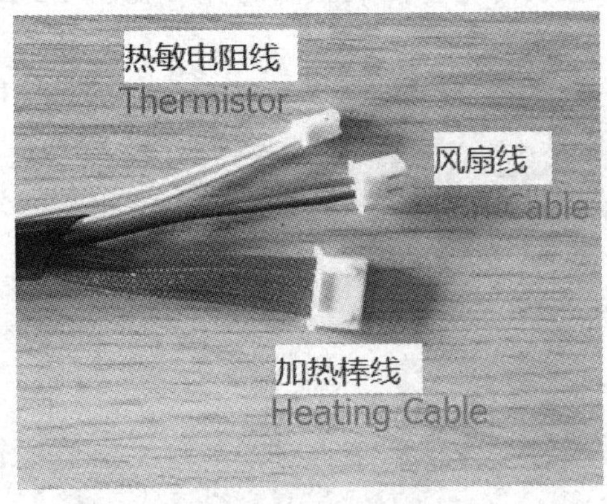

图 S2-32　热端接线头

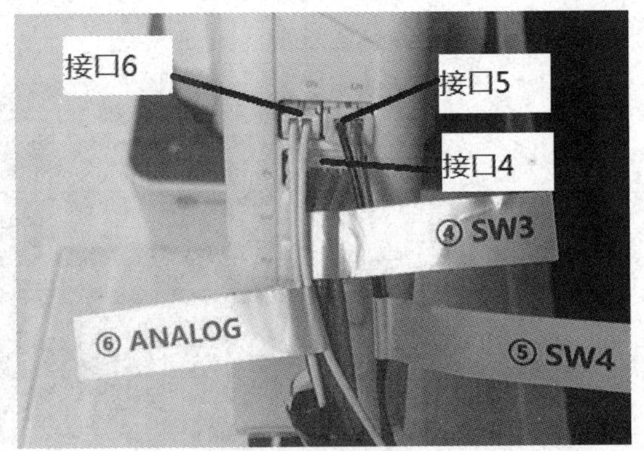

图 S2-33　热端接线示意图

3. 挤出机接线

将挤出机的电机线的一端接在挤出机上，另一端接在 Dobot 主控盒上的 Extruder stepper 接口上，如图 S2-34 所示。

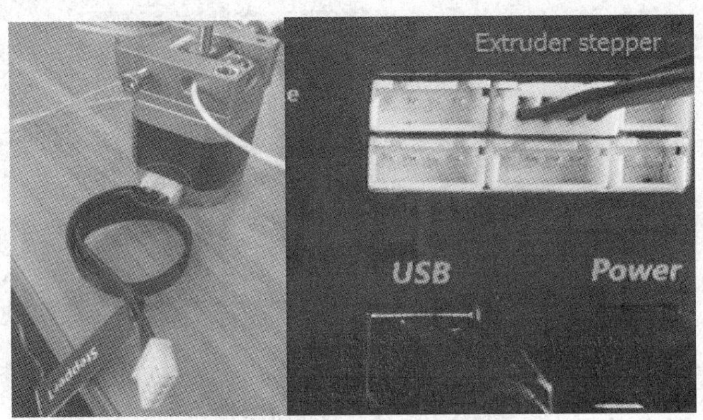

图 S2-34　挤出机接线示意图

4. 安装完成

3D 打印模块安装完成后的 Dobot 机械臂如图 S2-35 所示。

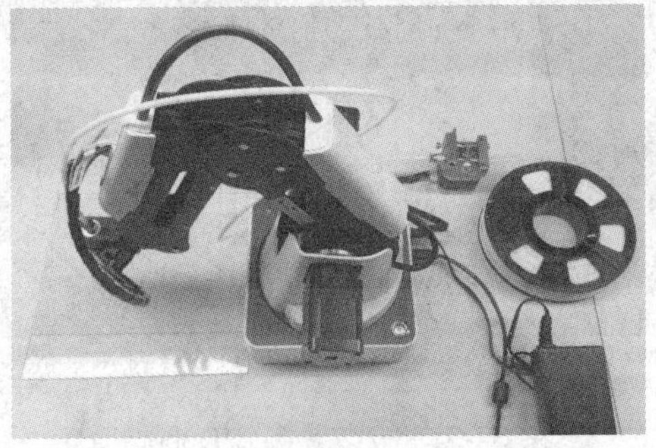

图 S2-35　安装有 3D 打印模块的 Dobot

实践 2.3　使用 Repetier Host 设置参数并打印

Repetier Host 已经内置于 Dobot 的配套软件 DobotStudio 中，该软件可以进行切片、查看修改 G-Code、手动控制 3D 打印机等操作，它并不直接提供切片引擎，而是通过调用其他的切片软件对模型进行分层，比如 CuraEngine、Slic3r 等，这些切片软件参数设置较多，灵活性更高。

【分析】

如果是初次使用 Dobot 的 3D 打印功能，则需要在 DobotStudio 软件中烧录 3D 打印固件，烧录完成后就会自动切换到 Repetier Host 软件，可以在其中设置打印参数、对导入的模型进行数据处理并启动打印操作。

【参考解决方案】

1．烧录 3D 打印固件

(1) 启动 DobotStudio，选择菜单栏中的【工具】/【打开 3D 打印】命令，如图 S2-36 所示。

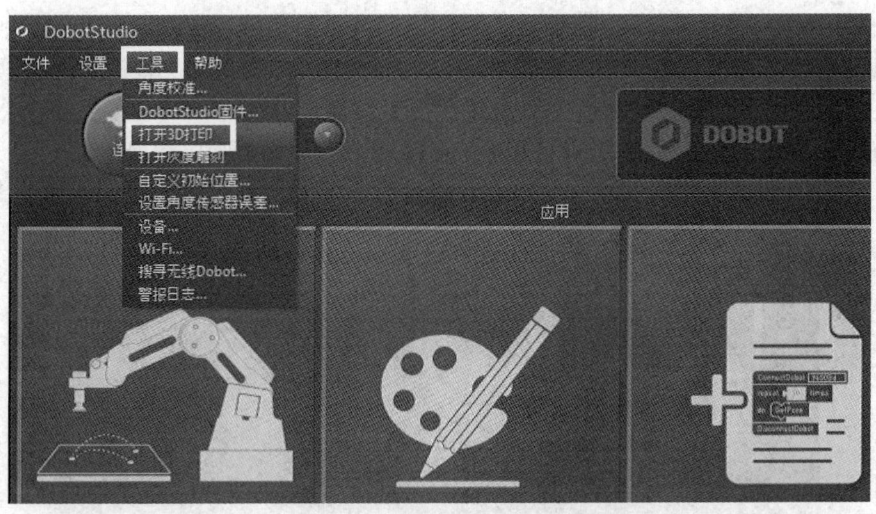

图 S2-36　启动 3D 打印功能

(2) 弹出 3D 打印固件烧录对话框【3D Printing FM】，单击按钮【Confirm】(确认)烧录固件，如图 S2-37 所示。

图 S2-37　烧录 3D 打印固件

(3) 烧录完成后，程序会自动切换到 Repetier Host，软件主界面如图 S2-38 所示。

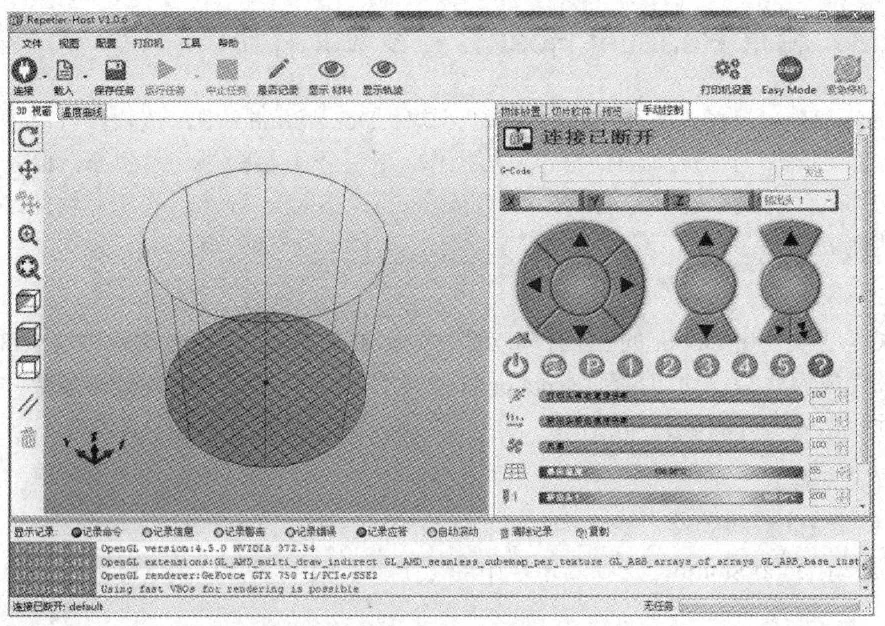

图 S2-38　Repetier Host 主界面

注意：若当前固件已经是 3D 打印固件，则再次使用 3D 打印功能时就不需再次烧录固件，只需启动 DobotStudio 软件，单击【连接】按钮，在弹出的【工具选择】对话框中单击【确认】按钮，即可直接切换至 Repetier Host 软件，如图 S2-39 所示。

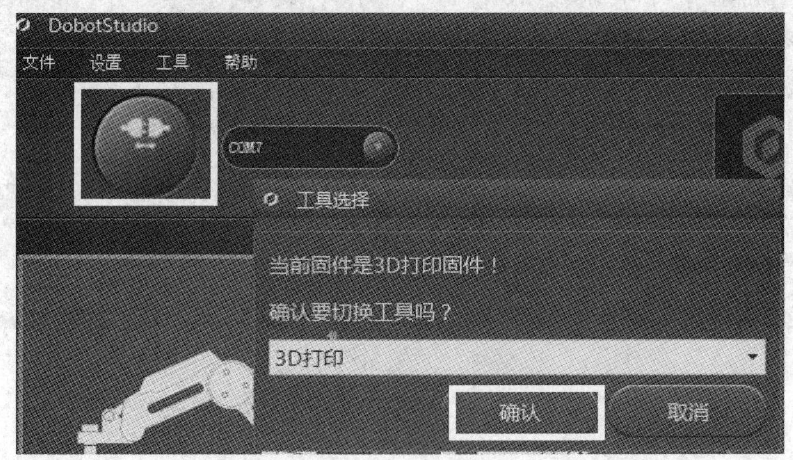

图 S2-39　切换为 3D 打印功能

2．设置打印机参数

首次使用 3D 打印功能时，要先在 Repetier Host 中设置打印机参数，之后无需再次设置。

(1) 单击 Repetier Host 软件右上角工具栏中的【打印机设置】按钮，弹出【打印机设置】对话框，单击对话框中的【连接】选项卡，按图 S2-40 所示，设置打印机连接相关参数，然后单击【应用】按钮，确认设置。

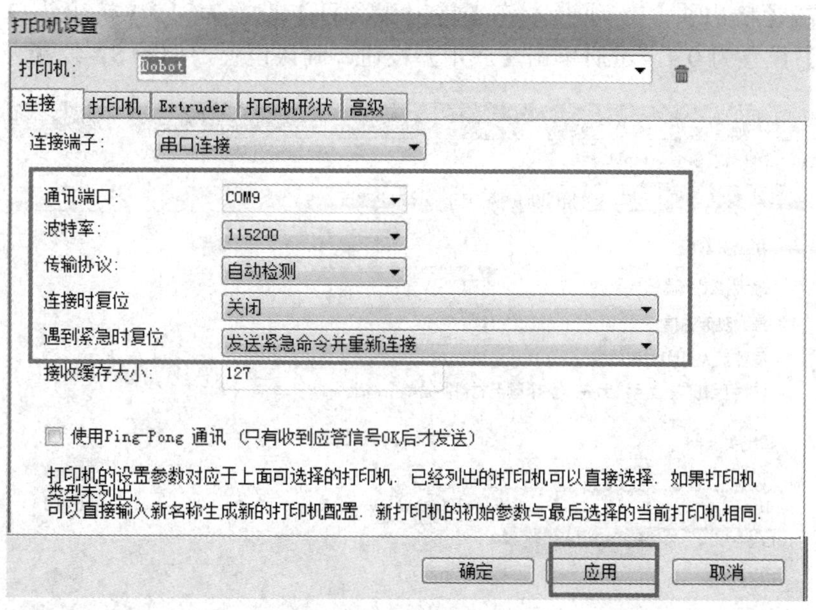

图 S2-40　设置打印机连接

(2) 单击对话框中的【打印机】选项卡，取消勾选如图 S2-41 所示的三个任务控制选项，其他选项保持默认，然后单击【应用】按钮，确认设置。

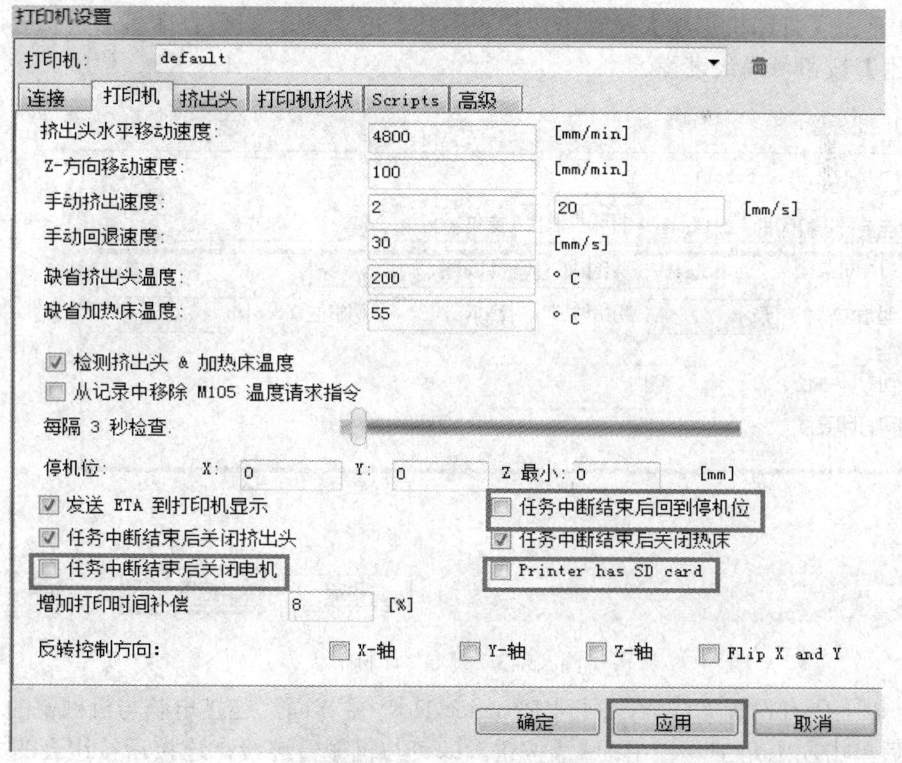

图 S2-41　设置打印机任务控制

(3) 单击【挤出头】选项卡，将【挤出头数目】设置为 1，【挤出头 1】标签下的【Diameter】设置为 0.4，然后单击【应用】按钮，确认设置，如图 S2-42 所示。

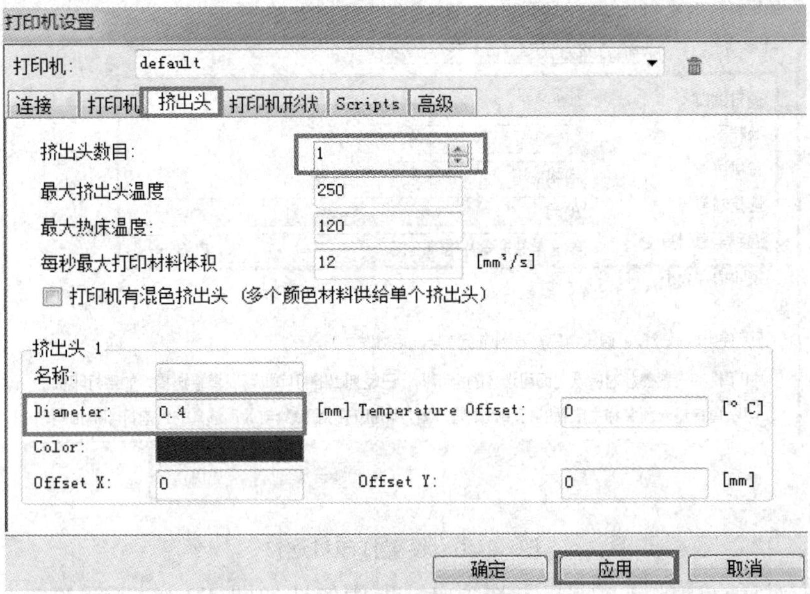

图 S2-42　设置打印机挤出头

(4) 单击【打印机形状】选项卡，按照图 S2-43 所示，设置打印机形状参数，然后单击【应用】按钮，确认设置。

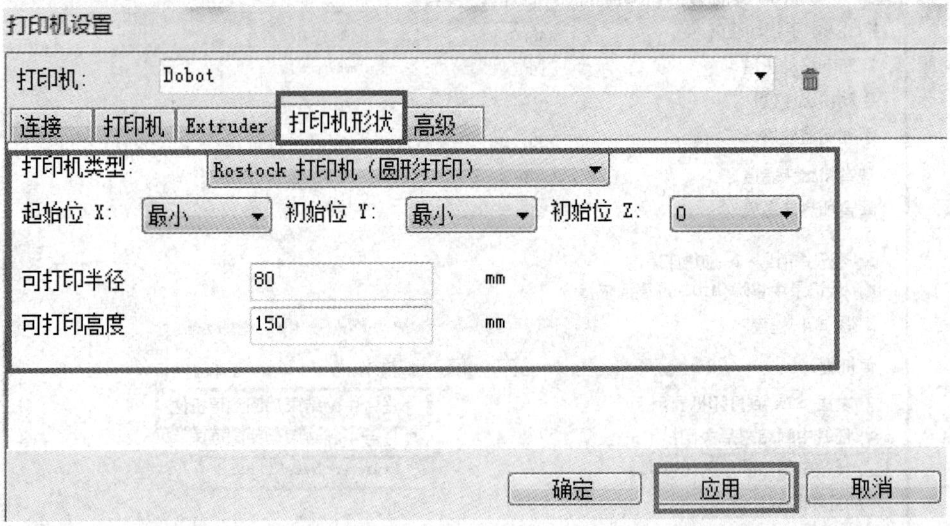

图 S2-43　设置打印机形状

(5) 以上所有设置完成后，回到 Repetier Host 主界面。连接电脑与机械臂的 USB 接口，然后单击左上角工具栏中的按钮，即可与机械臂连接，连接后按钮会变成绿色，同时界面下方会有挤出头的温度显示，如图 S2-44 所示。

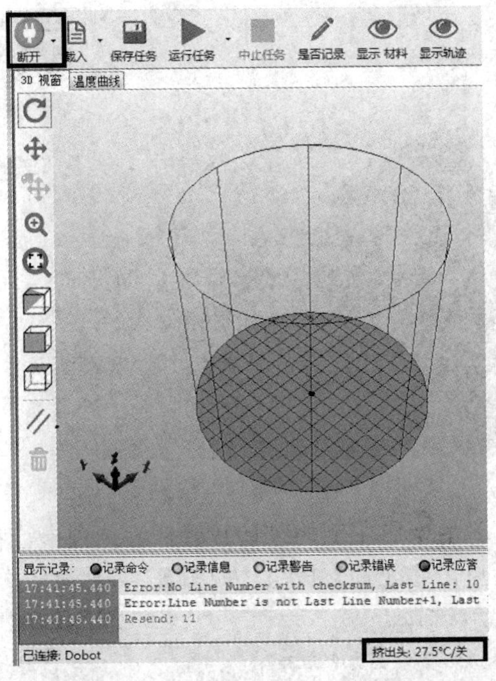

图 S2-44　Dobot 机械臂连接完成

3. 进行数据处理并打印

(1) 导入 STL 模型文件。单击程序主界面上方工具栏中的【载入】按钮，弹出【导入 Gcode 文件】对话框，选择已构建完成的模型文件“零件 1.stl”，单击【打开】按钮，导入模型，如图 S2-45 所示。

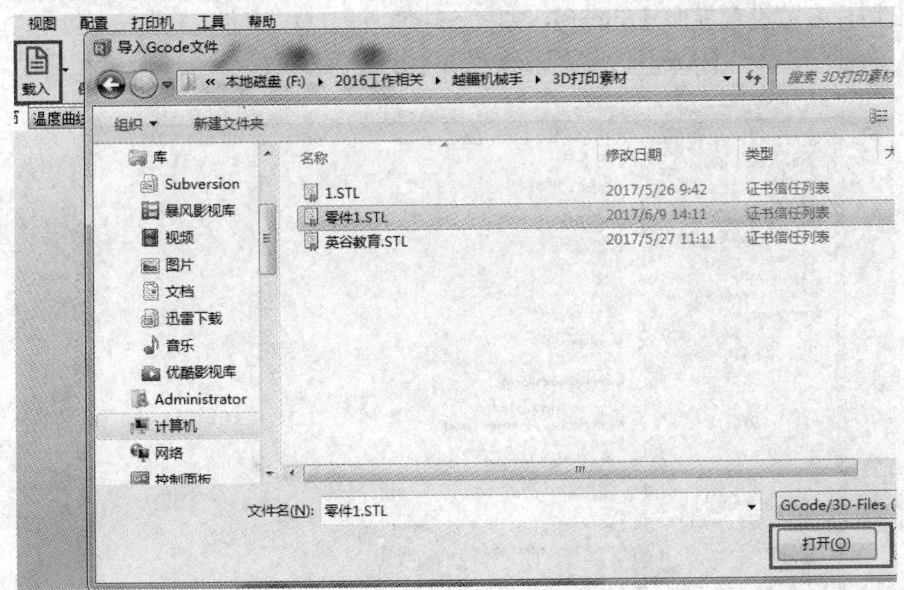

图 S2-45　导入模型

(2) 调整模型位置及大小。成功导入模型后，单击窗口左侧的【物体放置】选项卡，可以使用右上角的各种命令，对模型进行居中、缩放和旋转等操作，如图 S2-46 所示。

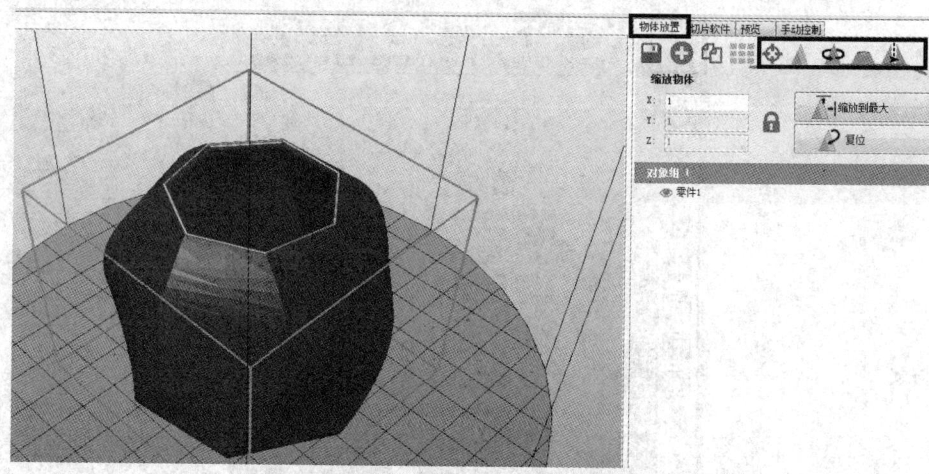

图 S2-46　调整模型位置及大小

(3) 设置切片参数。单击窗口左侧的【切片软件】选项卡，在【切片软件】下拉选单中，选择“Slic3r”，然后单击【配置】按钮，如图 S2-47 所示。

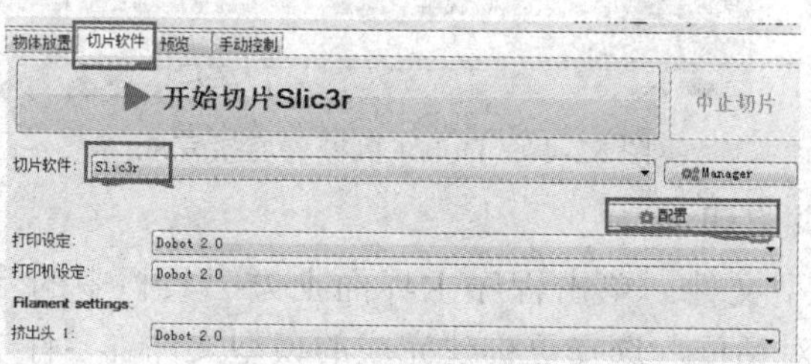

图 S2-47　选择切片软件

弹出切片参数设置界面【Slic3r】，如图 S2-48 所示。

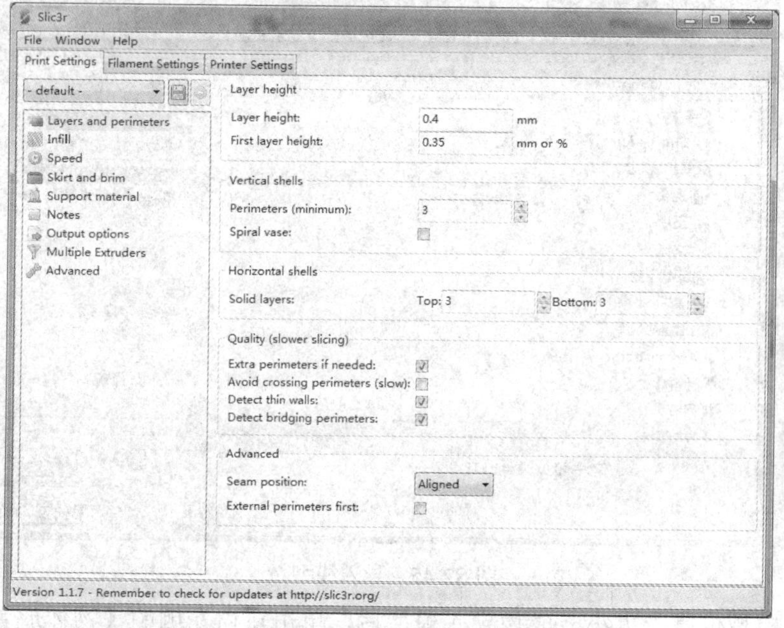

图 S2-48　切片参数设置界面

单击界面菜单栏中的【File】/【Load Config】命令，在弹出的【Select configuration to load】对话框中，选择文件 Dobot 2.0，单击【Open】，导入切片参数的配置文件，如图 S2-49 所示。

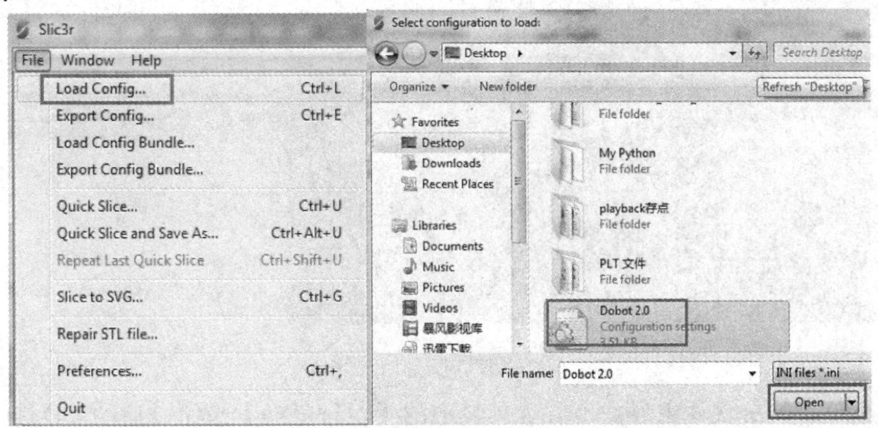

图 S2-49　导入切片配置文件

回到切片设置界面，在选项卡【Print Settings】中，单击左侧窗口中的图标【Infill】，然后将】标签内的【Fill density】(填充率)设置为 100%，设置完毕后，单击按钮保存，如图 S2-50 所示。

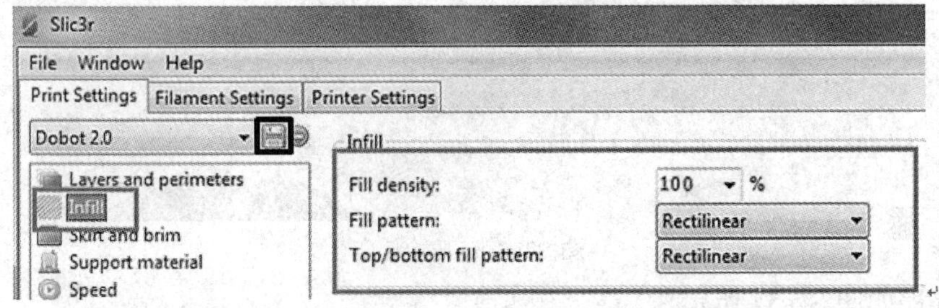

图 S2-50　设置填充率

(4) 切片。单击【切片软件】选项卡中的【开始切片 Slic3r】按钮，即可执行模型切片操作，如图 S2-51 所示。

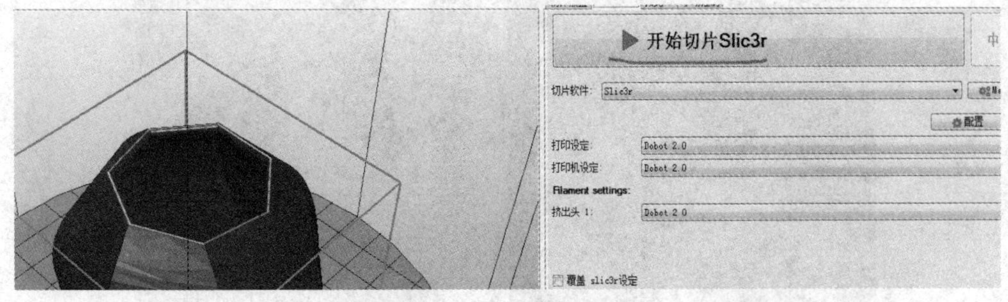

图 S2-51　进行模型切片

切片完成后的模型如图 S2-52 所示。

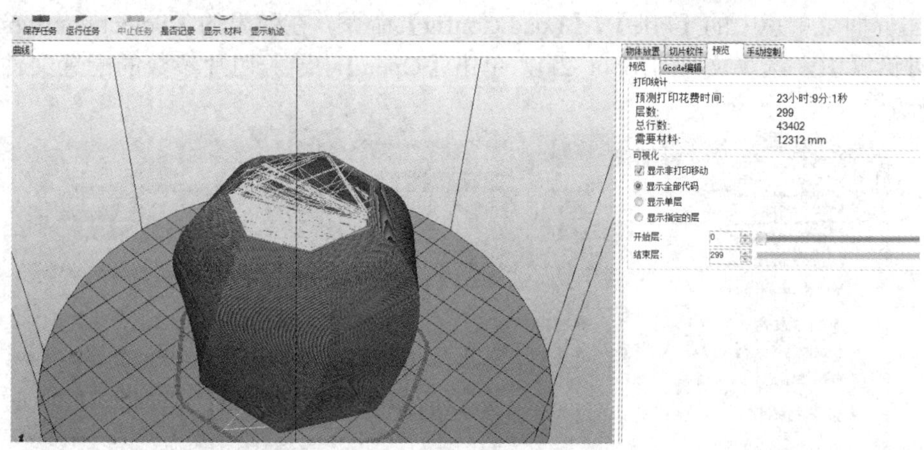

图 S2-52　模型切片完成

(5) 打印。单击软件主界面上方工具栏中的【运行任务】按钮，启动 3D 打印，如图 S2-53 所示。

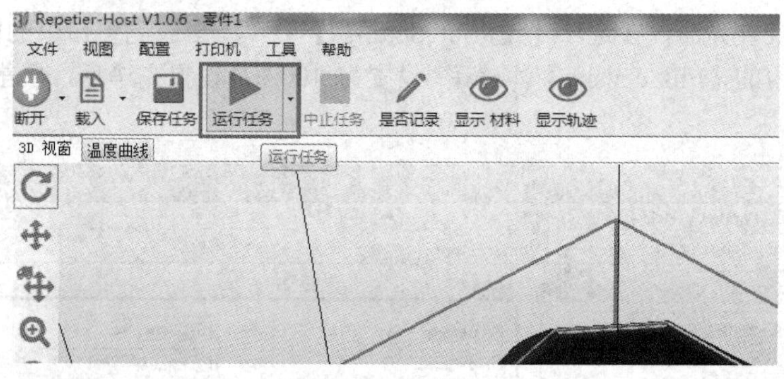

图 S2-53　开始打印

打印过程如图 S2-54 所示。

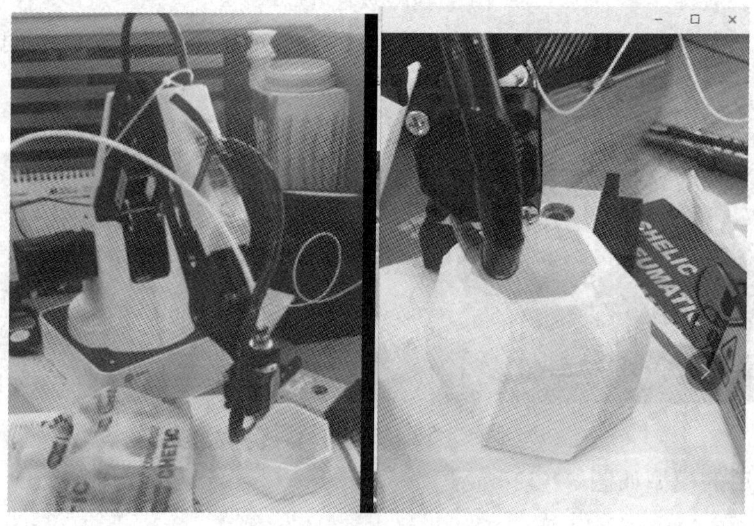

图 S2-54　打印过程

最终打印成品如图 S2-55 所示。

图 S2-55　最终打印成品

参考文献

[1] 韩霞. 快速成型技术[M]. 北京：机械工业出版社，2016.
[2] 曹明元. 3D 打印快速成型技术[M]. 北京：机械出版社，2017.
[3] 陈雪芳，孙春华. 逆向工程与快速成型技术应用[M]. 北京：机械工业出版社，2015.
[4] 王霄. 逆向工程技术及其应用[M]. 北京：化学工业出版社，2004.
[5] 周功耀，罗军. 3D 打印基础教程[M]. 北京：东方出版社，2016.
[6] 章峻，司玲，杨继全. 3D 打印成型材料[M]. 南京：南京师范大学出版社，2016.
[7] 槐创峰，许玢. Pro/ENGINEER 曲面造型设计[M]. 北京：机械工业出版社，2011.
[8] 金养智. 光固化材料性能应用手册[M]. 北京：化学工业出版社，2010.
[9] 沈其文. 选择性激光烧结 3D 打印技术[M]. 西安：西安电子科技大学出版社，2016.
[10] 许巍. 快速成型技术之熔融沉积成型技术实践教程[M]. 上海：上海交通大学出版社， 2015.
[11] 马劲松. SLA 技术在制造领域中的应用[J]. 航空制造技术，2008.
[12] 谈耀文，王永信，程永利. 光固化快速成型树脂模具在铸造工业中的应用[J]. 模具工业，2013.
[13] 曾峰，阎汉生，王平. 基于 FDM 的产品原型制作及后处理技术[J]. 机电工程技术，2012.
[14] 余梦. 熔融沉积成型材料与支撑材料的研究[D]. 华中科技大学，2007.
[15] 刘斌，赵春振. 熔融沉积成型水溶性支撑材料的研究与应用[J]. 工程塑料应用，2008.
[16] 曹松，任乃飞. 基于选择性激光烧结覆膜金属纳米复合粉末材料的研究进展[J]. 金属热处理，2005.
[17] 崔意娟，白培康，等. 国内外主要 SLS 成型材料及应用现状[J]. 新技术新工艺，2009.
[18] 王雪莹. 3D 打印技术与产业的发展及前景分析[J]. 中国高新技术企业，2012.
[19] 李勇，陈五一. 快速成型软件的研究[J]. 机电工程技术，2006.
[20] 周岩，卢清萍，郭戈. 对 CAD 模型直接分层的方法研究[J]. 中国机械工程，2000.
[21] 马淑梅，刘彩霞，李爱平. STL 文件错误的自动检测和修复技术[J]. 现代制造工程，2009.
[22] 黄雪梅，牛宗伟，黄小娟. 快速成型技术中的分区扫描路径产生算法[J]. 机械设计与研究，2007.
[23] 贾倩，解明利，等. 激光快速成型机数控代码的生成及实验研究[J]. 机械设计及制造，2009.
[24] 张曼. RP 中扫描路径的生成与优化研究[D]. 西安科技大学，2006.
[25] 梁延德，赵与越，刘利. 光固化快速成型制件的误差分析[C]，2005.
[26] 王会刚，姜开宇. 光固化工艺过程中影响成型件精度的因素分析[J]. 模具制造技术，2005.
[27] 路平，王广春，赵国群. 光固化快速成型精度的研究和进展[J]. 机床与液压，2006.
[28] 袁慧羚. 光固化快速成型工艺的精度研究与控制[D]，2010.
[29] 邹建锋，莫健华，黄树槐. 用光斑补偿法改进光固化成形件精度的研究[J]. 华中科技大学学报，2004.
[30] 张媛. 熔融沉积快速成型精度及工艺研究[D]. 大连理工大学，2009.
[31] 何新英，陶明元，叶春生. FDM 工艺成形过程中影响成形件精度的因素分析[J]. 机械与电子，2004.
[32] 高善平. FDM 快速成型精度及其影响因素分析[J]. 机电信息，2015.

[33] 赵桂范，林乐川，杨娜. 激光烧结快速成型件的精度分析[C]. 哈尔滨工业大学，2013.
[34] 杨军惠，党新安，杨立军. SLS 快速成型技术误差综合分析与提高[J]. 金属铸锻焊技术，2009.
[35] 李一欢. 三维打印快速成型机理与工艺研究[D]. 西安科技大学，2008.
[36] 中国 3D 打印行业门户. OFweek 3D 打印网.
[37] 中国 3D 打印网：www.3Ddayin.net